中国室内

居住与改造
Living and Transforming

U0315407

CHINA INTERIOR

中国建筑学会室内设计分会 编

中国水利水电出版社
www.waterpub.com.cn
·北京·

内容提要

本书关注家空间设计和居住状态,展现设计与绘画领域巾帼人物风采以及她们对艺术和生活的思考,探讨改造项目对文化的传承与发展,展示不同空间设计与改造实例,讨论家装改造设计对人们居住和生活的作用与意义,分享传递设计心得和行业动态,希望对提升人们的生活品质起到促进作用。

图书在版编目（ C I P ）数据

居住与改造 ：中国室内 / 中国建筑学会室内设计分
会编. -- 北京 ：中国水利水电出版社，2017.7
ISBN 978-7-5170-5615-7

Ⅰ. ①居… Ⅱ. ①中… Ⅲ. ①室内装饰设计 Ⅳ.
①TU238

中国版本图书馆CIP数据核字（2017）第157861号

书　　名：中国室内
居住与改造 JUZHU YU GAIZAO
作　　者：中国建筑学会室内设计分会 编
出版发行：中国水利水电出版社
　　　　　（北京市海淀区玉渊潭南路1号 D 座　100038）
　　　　　网址：www.waterpub.com.cn
　　　　　E-mail:sales@waterpub.com.cn
　　　　　电话：（010）68367658（营销中心）
经　　售：北京科水图书销售中心（零售）
　　　　　电话：（010）88383994、63202643、68545874
　　　　　全国各地新华书店和相关出版物销售网点

排　　版：中国建筑学会室内设计分会
印　　刷：北京雅昌艺术印刷有限公司
规　　格：230mm×250mm　12开本　12.75印张　364千字
版　　次：2017年7月第1版　2017年7月第1次印刷
印　　数：0001—10000册
定　　价：**60.00元**

2017 CHINA INTERIOR DESIGN AWARDS

2017
第二十届
中国室内
设计大奖赛

以负责的态度来做设计，
以负责的态度来评选优秀者。
创建于 1998 年
的中国室内设计大奖赛，
以学术性、
包容性著称，
是中国最具影响力
的赛事之一。

截稿日期
2017.8.15

大奖赛

你对设计的执着，需要这座奖杯的见证！

－专－注－ －学－术－
－坚－持－ －执－着－

BEAUTIFUL LIFE, BEAUTIFUL HOME

美好生活，美好家

一个偶然的机会，我接触到某著名的家居用品销售平台，他们仅在一个城市的年销售额就超过 10 亿元人民币，令人惊叹。更令我吃惊的是，他们销售的产品大部分都是造型老旧，风格奇怪，价格比较低廉的家具和家居用品，与 20 多年前我们逛的平价大型家具商场里的东西类似，是现在的设计师不会正眼瞧一瞧的产品。可在今天，这些产品依然畅销，令我深有感触。

看到这样的数据，再想起业内人士向我透露的百姓喜好，我感慨的是，20 多年来，设计师的喜好变了，但老百姓的喜好却没有多少变化。人们依然喜爱敦实的实木家具，最好是能够防虫咬的樟木家具，比如父母和祖辈使用的樟木箱子；人们依然喜好结实牢固的物品，如真皮的沙发等。专业设计师对普通百姓的审美到底起了多大的作用？值得深思。

现实的生活总是不能被城市的表象所替代，在科学技术滚滚向前的当下，普通百姓不管手上拿的是 iPhone7 还是坐在快如闪电的高铁里，家里使用的家居用品却是另一番景象。你很难想象中国大多数的家庭依然选择的是 20 年前的家具款式，而且还有很多厂家积极生产制造，这也许就是大众认为的"接地气"。设计师服务的人群只是极少的一部分。

我刚从纽约回来。从长岛到曼哈顿，我花了足足 5 天时间看新的和旧的房子，逛家具和灯具市场。我的感受很强烈，那就是美国的家具风格很统一，虽然档次有高有低，但形式感差别不大，所以我们对美式风格容易形成整体印象。除了地段导致房价高低不一，房子的装修都简洁明快，设备也先进，基本上都可以选择风格统一的家具和饰品安置在家中。从东海岸到夏威夷，美国的居住环境设计基本上是统一布局，是标配，家具市场上几乎找不到风格不协调的东西，不像中国这样差异较大。

现实的差距，常因工作和生活环境的限制，而不能被人清醒地认识到。如何改变百姓的用物习惯或提高整体社会的审美趣味，不是几个或一群设计师就能做到的，也不可能像电子产品一样日新月异。但是前文所提及的家居用品销售平台，我依然希望在新的一年里能够在家具产品设计上有新的提高。媒体有期许，这是令人欣慰的，但设计师和厂家准备好了吗？我们能否解决中国百姓生活空间的标配问题，能否对传统家具升级换代，对常规空间中物品的实用价值、风格做一个系统性的定位，让外国人对中国百姓的家也有一个清晰的认识。

新设计的产品只有形成"爆款"，才能引导百姓提升对家具形象塑造性的认识。这几乎是一个"科普"问题，我想路径首先是市场的"爆款"导向，这就需要有智慧的设计师和智慧的商家共同努力，让"爆款"的家居产品在市场上得到普遍认可。平民化的家居产品在改良过程中要循序渐进，也许需要几年、几十年，只要新设计的"爆款"在公众媒体上逐渐增多，那就是一个很好的进步。

中国建筑学会室内设计分会理事　萧爱彬

www.ciid.com.cn

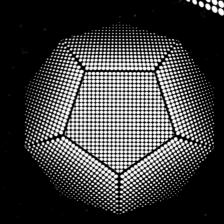

中国建筑学会室内设计分会

2017第五届
中国陈设艺术论坛

暨陈设艺术作品邀请展

THE 5TH CHINA INTERIOR DISPLAY FORUM
&DISPLAY ARTWORK EXHIBITION

广东·汕头

活动时间 2017年10月13-15日

精彩预告 主题论坛 / 思维碰撞 独到解读"陈设～室内～建筑"

晚会盛典 / 资深大咖 设计新锐 星光云集

作品展览 / 在鉴赏中 对话作者 领悟设计

作品投递 934100710@qq.com

616307818@qq.com

截稿日期 2017年9月20日

联系电话 010-88356608（北京秘书处）

0754-88469294（粤东专委会秘书处）

主办 / 中国建筑学会室内设计分会 **联合主办** / 汕头市装饰行业协会 **承办** / 中国建筑学会室内设计分会第三十九（粤东）专业委员会

协办 / 潮州市装饰行业协会 揭阳市建筑装饰协会 梅州市装饰行业协会

合作媒体 / 汕头电视台 汕头广播电台 汕头橄榄台 《汕头日报》《汕头都市报》《汕头特区晚报》中国新闻社汕头办《建筑知识》《家饰》《宁波装饰》《室内设计与装修id+c》

《室内设计师》《中国室内》会刊《中国建筑装饰装修》汕头办 香港《设计之都》《潮商》《饰之潮》《名楼雅居》

大华网 汕头房天下 汕头新浪乐居 腾讯房产 中国室内设计网（www.ciid.com.cn）

Contents

目录

C H I N A
I N T E R I O R

2 0 1 7
NO.118

关注

FOCUS

家空间与职业室内设计师 （温少安）
会生长的家 （萧爱彬）
探寻未来中国最好的居住状态（琚宾 李岩）

Home Space and Professional Interior Designers （Wen Shaoan）
A Home that Can Grow (Xiao Aibin)
Finding the Best Future Living Conditions in China (Ju Bin, Li Yan)

家空间与职业室内设计师

文
温少安

HOME SPACE AND PROFESSIONAL INTERIOR DESIGNERS

Professional interior designers should research the essence of home space designs, we are having important impacts to the one-time investment, maintenance, and operating expenses of the property owners, we have entered the age of appreciation for the values of professional interior designers.

text　Wen Shaoan

职业室内设计师应该探究家空间设计的本质，我们正在为业主的一次性投入、维护、运营成本发挥着重大作用，已迈入了职业室内设计师价值落地的时代。

家空间

买房子、装修房子几乎成为每个家庭必须经历的事。从主动到被动，备受折腾，千奇百怪之事在此不言。据有关行业数据统计，每年全国百姓为"家空间"建设的投入高达几千亿元人民币，这个数字一定是世界之最。中国人恋家，也许这正是房价高升的重要原因之一。

"家"是"栖息之地"抑或是"身心的港湾"？家在每个人心中都有答案。然而维系亲情、享受生活才是家空间设计的本质。

多年前，家家户户都一样，衣食起居都在一个房间里。家里总是有客人来，也常盼家里来客人，那样就可以去大院和一帮小孩儿狂玩。

现在，每个楼盘平面图上都有客厅，据我所知，很多家庭尤其在广东，几乎没有去别人家作客的习惯了，茶楼、球场等公共场所才是最好的客厅。工作模式的转变，生活方式也随之转变，有些转变近乎是"颠覆"性的。佛山某楼盘出现厨房、洗衣房共享的户型，深受"80后""90后"的宠爱。而某开发商和建筑师联合打造的畅销户型，常用居室过半空间无通风采光，无收纳、洗衣空间，通道狭窄而长，各功能性用房尤其是厨房与餐厅关系失常，入户便见卫生间。

穿越欧洲的城镇，吸引我们的不是所谓"多元化"的产物，而是留存着属于欧洲血统的建筑与室内空间，而城市化让国内各地建筑及家空间几乎长成"双胞胎"。我喜欢华为手机，因为它有属于自己的核心技术，但是，当看到他们山寨欧洲小镇的总部，却无语了。国产品牌在国内机场投放广告，大多使用外国美女或老人当形象代言，自我主张的品牌标签仅仅是挂在嘴上，迷失盲目到毫无底线可言。为何在经济相对丰足的当下，"家"缺失了情感；而相反在物质条件匮乏的年代，"家"却萦绕着幸福？

在家空间的设计行业里，大部分设计师往往把自己视为一种附属服务，或者一切按签单成功为施工价值取向，以营销服务于盈利为导向。通常是这位业主的项目还没有来得及想透，已经开始构思下一项目。如此从业日久，必然滋生无主张、无自信等问题。家宅装饰公司的机制，针对市场的分工职能已成为"设计师"的速成班，各种经短期培训出来的软件制作师、手绘师、谈单师（会说不会干）、客服等应运而生；各种包装精美的"风格风情"被当成济世良药，计算机里有很多"花式"，给了钱要什么式就给什么式，网络信息的便捷滋养了懒惰，复制、粘贴成了某些设计师的工作习惯。室内设计发展了30多年，仍上演着很多怪象。看看千家万户的天花，大都是一个方形灯池，而灯槽成为接尘槽，卫生永远也搞不干净……

现在的家空间普遍存在一些设计问题，例如客厅里面不见客，儿童房里不亲子，老人房里不敬老，书房里面不读书……每家都搞莫名其妙的电视背景墙。我们很少立足技术的角度去研究人们享受生活的家空间的功能性、便捷性、舒适性等问题，仍缺乏针对儿童、老年人行为进行系统专业的尺度与材质设计。例如，儿童房设计是让孩子关着门独自在里面写作业吗？老人房里没有适合老人使用的照明灯具，没有既方便照顾又不干扰睡眠的大床（譬如一张大床中间有一条分离凹线）；卫生间里没有方便老人起身的洁具；缺少方便老人识别的大字开关插座；尚未对收纳功能以及便捷的生活必需品进行归类研究，从中寻找可控性与差异性；对家用五金与使用者的关系分析得不深入……值得设计师思考的问题其实很多。但我们几乎将全部精力用在装饰手段和形式上，却忽略了家空间的本身是什么，"以人为本"成为人云亦云的口号。

入户便见卫生间户型平面图

职业室内设计师

职业室内设计师是指受过专业教育并以室内设计为营生的从业者，是以建筑设计后延展或改良、于小尺度和细腻度见长、具备技术与艺术等综合能力的脑力工作者。室内设计师是空间成果的最终呈现者，每个策略都是看得见、摸得着，是身临其境的工作状态，对别人的生活方式、空间行为、模式、选材、设备投入等有话语权，对技术与非技术性设计语言拥有决策权。时光荏苒，众多职业室内设计师用独特的视角，勾勒出诸多优秀案例，受到业主和市场的高度认可。职业室内设计师也细分出各亚专业，许多室内设计师自已投资室内空间项目，并形成了市场说服力。当下，职业室内设计师备受业主信赖，市场关注度也随之大增。

"以心术为本根，以伦理为桢干，以学问为良田；以文章为花萼，以事业为结实，以书史为园林；以歌咏为音乐，以义理为食粮，以著述为文绣；以诵读为耕耘，以记问为居积，以先贤的言行为师友；以忠信笃敬为修持，以行善降祥为享受，以乐天知命为依归。"昔日贤者雅士所言内涵深厚！职业室内设计从业者需要认真体悟。

职业室内设计师，不同于舞蹈演员、运动健将、钢琴师，并不是经过专业训练就可以独立完成自己的职业任务的。职业室内设计师虽然经历了专业训练和市场磨炼，但面对项目时，既要独立又要与人合作，要与业主共同面对同一道考题，要与技术支持方、施工方、设备厂方等各方合作，共同解答考题。能否获取高分要看各方合作得如何。职业室内设计师用业主大数额的投资（无人统计过）积累设计经验，沉淀背后是无法统计的各种成本。在化解诸多困难、解决诸多问题，被市场认可后，职业室内设计师方实现自身价值。这是一个从提出主张到被认可进而被欣赏的曲折的过程。因来之不易，故且行且珍惜。

当然，职业在专业以外。职业设计师仅仅靠专业修养，很难支持整体项目的运营需要，只有沉淀和积累各方面的能力，才能面对无休无止的市场变化和各种需求。学会在问题产生之前将其列出，归纳出市场调研数据，为项目作出判断或提供依据，将各专业技术统筹协调好，更精准地把握项目定位，实属不易。以什么是"职业室内设计师的核心价值"为关键点，多角度理解职业室内设计师的工作职责，可以更容易透过表征看到职业的本源，意义非凡。我们常感叹很难遇见一位好业主，仔细想想，其实应该首先遇见一个好的自己。

从业3年，我们是设计师还是PS小弟？从跟着混到边学边干，5年过去，我们能独立做什么工作？从独立思考到团队合作，经过8年历练，我们是否形成自我的想法？独特的想法是否被认可、被欣赏？

每个职业都有自己的特点，而设计师从被动、受制约的初级从业者到相对成熟期，一般要经历10年甚至更久，大多数设计师要在40岁后才进入相对成熟阶段。因此我们应尽早对自己的职业生涯进行规划，将15年的积累期变成5年甚至更短。

时代变迁，进入信息化时代，我们对自己的品牌形象以及设计方向的塑造应当有所准备。要让他人记住，那么个人的品牌形象营造就尤为重要。所以，从自我形象到阅历，再到属于自己设计的职业标签，都是我们职业价值观重塑的要点。

人是重要的，也是引起事物量变最大的根源。忽然发现，出门可以不带钱和信用卡，只要手机在手，衣食住行全都有，人的消费方式与消费习惯正在发生变化，职业室内设计师应该具有强而准的市场思维的大脑，将精力放在对"人"的洞察和判断上，发现那些平时就在我们身边存在着、但又被忽略的问题，因为，任何问题都有其价值，只是价值大与小和是否能为我所用。

"好奇而八卦"的我们应当对项目中的各类人作深入解读。职业室内设计师应该围绕"人"进行透彻的分析与研究，探索人性等；用历史及未来的视野纬度去思考，真正了解了"人"的本质，有助于抓住设计的本质。

职业室内设计师正在为业主的一次性投入、维护、运营成本发挥着重大作用，并成为投资人把控市场、驾驭项目的参谋，成为有利用价值、可以创造价值的人。随着业主和市场的不断验证，职业室内设计师的认可度将越来越高。而今，我们已迈入了职业室内设计师价值落地的时代。

The project faced by professional interior designers is the same problem faced by the property owners,
the premises are to solve many problems and difficult situations,
to be accepted by the market, thus to realize self-value, this is a winding path that begins with getting ideas out to having the ideas being accepted to finally being appreciated.

职业设计师面对项目，
是与业主共同面对同一道考题，
在化解诸多困难、解决诸多问题，
被市场认可后，
方实现自身价值。
这是一个从提出主张到被认可
进而被欣赏的曲折的过程。

设有方形灯池的客厅和餐厅

"风格风情"客厅

A HOME THAT CAN GROW

Family members change, so do objects in
a home, that's why we have to change the
organizing and storing space,
we could not place infinite amount of objects in
a finite space.
Organization and storage,
is the summation of time and space.

text　Xiao Aibin

会生长的家

文　萧爱彬

家里的人会变化，物品会变化，因而整理收纳空间也会相应变化，但是不能以有限的空间来安放无限的物品。整理收纳，是空间和时间的思考总和。

整理，是思考物品与自己的关系；收纳，是决定物品的位置。人，是"整理收纳"动作的发出者、主体；物品，是"整理收纳"动作的接收者、客体。有家、有人、有物，就有整理收纳。

整理收纳，从"舍"说开去

"舍去、舍去、再舍去，舍到不能再舍的时候，事物的真理、真实的一面就会呈现出来。即使在小小的空间里，也能感受到浩瀚的宇宙，这就是枯山水。"这是枯山水大师枡野俊明对枯山水精髓的概括。在中国开花、日本结果的禅宗，对日本社会的方方面面都产生了重要的影响。也是在这个国度，催生了一系列具有世界级影响力的整理收纳理论和专家，"拾掇家什"的整理收纳，居然能变成一种职业。

"舍"，也变成了家居生活理念的重要部分，这是日本杂物管理咨询师山下英子推出的"断舍离"概念的重要部分。山下英子认为，断＝不买、不收取不需要的东西；舍＝处理掉堆放在家里没用的东西；离＝舍弃对物质的迷恋，让自己处于宽敞舒适、自由自在的空间。随着《断舍离》一书的大卖，"断舍离"这个完全拼贴的词，成为一种新的生活理念。另一位日本的整理收纳专家近藤麻理惠则提出了"怦然心动的人生整理魔法"，她认为人们在整理收纳的时候，应该把所有同一类别的物品放在一起，逐一拿起，问问自己，它是否给自己带来了快乐。

从物质匮乏，到整理收纳，不过匆匆十几年

收纳本身不是什么新鲜事，但收纳概念开始频繁地出现，却是最近 10 年间才发生的。显然，收纳开始成为家居设计中的一个显著问题，与经济快速发展、物质生活极大丰富都存在着必然、直接的因果关系。

我们小时候都有的记忆，像扫帚、拖把这些家政用品，就是往阳台角落或门背后的缝隙里一堆。每天出门时穿的外套，就是在门背后钉几个钉子挂起来。我把这些称为是收纳的"简单粗暴"时代，或者说是"无意识"时代。其实就是把每天都要用的东西随手放在显眼的地方，特别不好看的东西藏在犄角旮旯。

相较于早年的"无意识"时代，现在的收纳正处在第二个阶段：人们意识到问题的存在，却无法找到正确的处理方式。每家每户盛产剁手党的同时，收纳的概念出现了。最近十几年里新装修的房子，整体厨房、整体衣柜等，都已经是装修的标配，厨房里有各种规格和功能的拉篮、抽屉，进门处也都有玄关鞋柜。总之，关于收纳整理的各种解决方案看起来已经琳琅满目，非常成熟了。

但事实呢，有多少家里，一开门就是一地鞋，又有多少家庭在抱怨东西太多放不下？

"放不下"的问题，绝对不是换个大房子就能解决的。第一，空间是可以挤出来的；第二，空间是有限的。未来收纳之道的科学解决方案是：根据自己实际拥有的物品数量来设计收纳空间；根据自己实际拥有的收纳空间来控制物品数量。

科学收纳的第一步，就是要给自己的物质生活来个大盘点。一般的家居与日常物品，看似庞杂凌乱，但其实，成年人在生活形态基本定型之后，所需物品的类型和数量基本都会维持在一个相对稳定的区间内。比如服装中，衬衫、短袖、长裤、连衣裙、外套等长度不同的衣服的数量；鞋类中，运动鞋、高跟鞋、短靴、长靴的数量；有多少个手袋、多少顶帽子，都可以核算出非常具体的数量。以此类推，所有家居用品的类型和数量都可以通过一次大盘点来弄清楚。当使用者清楚了解自己的物质总量时，室内设计师就能根据实际的空间情况、物品数量和使用习惯设计出合理的收纳空间。

拥有符合目前所需的收纳空间，只能保证短时间内的整洁有序。没有任何设计师能满足一个无限膨胀的家，使用者必须根据收纳空间来限定自己的物质总量。如果鞋柜里只设计 20 双高跟鞋的空间，那么当你买第 21 双鞋时，就必须从前面的 20 双里挑出一双来扔掉。这听起来有些困难，但事实上，那些已经有好几年没有穿过的失宠的衣服和鞋子，真的还有保留的必要吗？

收纳不仅仅是对空间的规划，更包含对自己人生和未来的规划

严格来说，"整理收纳"是对空间使用的探讨和实践，但是收纳更应该是时间范畴的概念：有家，有人，有物，就有收纳。家、人、物会变化，动态地平衡空间使用，时间的维度显然无法回避。

务实的设计加上断舍离，这是科学、系统的收纳解决方案。然而，似乎还有一个问题无法解决：生活的未来不可预知，技术的发展有时也完全超出我们的想象，10 年前还不存在的人、还没有被发明出来的物品，今天很可能在生活中已是"不可须臾离"。面对不断改变的生活，又怎能通过控制物品数量来解决收纳整理的问题呢！

因此，在强调"空间有限"之外，还有"时间有限"。主人在成长、家庭结构在改变，时代与技术也在改变。使用者在设计自己的家的时候，一定要有时间限定规划，例如，这个家是为未来 10 年而规划设计的，就要把未来 10 年有可能发生的各种变化预设进现在的设计之中。

"Organization and storage" is to explore and experience the utilization of the space, but storage is more a concept of time: if there is a family, people, and objects, there will ever storage. Practical designs combined with proper separation and discarding, are scientific and systematic ways to solve storage issues.

"整理收纳"
是对空间使用的探讨和实践，
但是收纳更应该是时间范畴的概念：
有家、有人、有物，就有收纳。
务实的设计加上断舍离，
是科学、系统的收纳解决方案。

会生长的家

在一个总面积 55 平方米、实用面积 40.9 平方米的空间里，一对即将步入婚姻殿堂的"80 后"情侣将在此生活 10 年，从二人世界到三口甚至四口之家。10 年后，随着孩子长大，主人将会更换更大、更适合的房子。因此，10 年就是为这个"会生长的家"设定的使用时限，使用的材料可以持续三至四个 10 年周期。也就是说，如果 10 年后住进来下一个类似的小家庭，可以继续使用这些设施，而不必重新装修。收纳空间的设计要点，在于预留足够的可适变性空间，为孩子的到来、成长做好准备。从每一个角落里挖掘收纳空间，未来宝宝的睡床、游戏空间、玩具收纳等都提前规划。

"移"，空间可变的秘诀

进门即是厨房和玄关，厨房和主空间之间设置了一面隐藏式推拉移门。移门打开时，空间通透；移门闭合时，可以起到阻隔油烟流窜的作用；同时也保持了厨房和主空间两个不同空间的整体性。一组抽屉柜设计成可移动柜体，整个柜体拉出后就变成一个操作台，为本来局促的厨房增加了台面的面积。

可抽拉的餐桌与移门搭配使用，可以适应吃饭、工作等多种场景。用餐时，拉出桌底抽板，增加餐桌面积，最多可供三人使用；阅读时，拉上一扇移门，形成半封闭空间，可以集中精力学习。桌子旁边有丰富的收纳空间，兼顾书柜和酒柜。

电视机与衣柜的创意组合

起居室衣物收纳柜的柜体表面外嵌电视机，整个柜体可以拉出，后面的收纳空间用于放置行李箱等物品。电视机与衣柜的组合创意，不仅满足了家庭影音娱乐的功能，同时也解决了常规固定电视墙背面浪费空间的问题，美观与功能完美地融合在一起。

可生长的榻榻米区

房间中隔出一个独立的空间，铺上榻榻米垫，除了下面可以进行收纳以外，榻榻米还成为男女主人偶尔看书品茗的场所。为这个家庭所预设的成长性就体现在这个小空间中，榻榻米的一侧设置了提起式栏杆，护栏由原来的侧柜中弹出，高矮可调节。当小生命到来后，这个空间就可以立刻摇身变为婴儿床。榻榻米与双人床中间的一块小区域，铺上橡胶地垫就成了孩子玩耍的空间。双人床的床基抽出来可以成为儿童床，随着小朋友成长，能够睡到八九岁。

多变的梳洗区

在家中，洗漱、护肤、化妆、挑选配饰，这一系列女士不可缺少的出门动作，在有限的空间内就能全部流畅完成。通过精确计算，为每一个小物件都规定了准确的摆放位置，使这些细碎的小物件能收纳整齐，方便好用。充分利用每一个空间，将镜子后、梳洗台下以及座椅下的空间都做了收纳，可以将男女梳洗所用的物品全部收纳其中。

家里的人会变化、物品会变化，因而整理收纳空间也会相应变化，但是正如人们清楚地知道自己家有多少"平方米"一样，亦不能以有限的空间，来安放无限的物品。整理收纳，是空间和时间的思考总和。

This "home that can grow" has a pre-set 10-year time span, the materials used could be used for three or four consecutive 10-year period. Which is to say, if the family moves into a similar house 10 years later, they could continue use these equipments with no need to remodel.

10 年就是为这个"会生长的家"设定的使用时限，使用的材料可以持续三至四个 10 年周期。也就是说，如果 10 年后住进另一个类似的小家庭，可以继续使用这些设施，而不必重新装修。

客厅

设于玄关的拉出式橱柜

卧室

FINDING THE BEST FUTURE LIVING CONDITIONS IN CHINA

Introducing house-decoration and modeling at the initial construction stage, construct the house comprehensively, collaborate with elite designers to maximize the utilization of the space, and customers' happiness index would improve when the living space is renovated.

oral account　Ju Bin
text editor　Li Yan

探寻未来中国最好的居住状态

口述　　琚宾
文字编辑　李岩

从前端开始介入精装修的概念，以全面的方式进行统一建造，协同优秀的设计师将空间最大程度地合理化，人在空间改造中的快乐指数会得到提升。

居住是一个多维度的宏观话题，由于社会各个阶层的存在，与之相匹配的居住状态也呈现出多种形式。对土地所有权的局限性，对地产产品可选择的局限性，人们的居住状态本身就存在很多限制。但是，通过研究地产商在一线、二线城市所提供的产品，可以获得一个相对明确的居住状态导向。

目前，多数中国人还未拥有系统的自我认知之后的宏观概念，同时生活环境的美学基础比较薄弱，因此处于一种极易被引导、被消费的状态。政府出台关于新建住宅必须精装修的强制性条例，为这种状态的改变提供了前提条件。虽然在彻底执行过程中遇到一些阻滞，但是，精装修的全国普及势必提供一个美学的基础平台，这将成为一条重要的基准线，一旦毛坯房在中国的三线以上城市消失，就住宅方面来看，社会将进入到一个美育的普及期。

精装修是一门工程类的专业学科，并非人们通常所理解的表象的美学或简单的生活方式，这些应该是处在末端的问题。但是，老百姓的关注点通常都集中在末端的关系范畴，如果从前端开始介入精装修的概念，以全面的方式进行统一建造，不仅可以减少建筑垃圾、节约成本，还可以协同优秀的设计师将空间最大程度地合理化。把末端的事情进行剥离，老百姓只需面对美学方案的匹配，如风格的甄选、生活用品及艺术品的添置等事项。于此，如果由于前端关系处理模糊而导致的问题能够得到解决，将是惠及民众的，人在空间改造中的快乐指数也会得到提升。

从地产商本身的发展阶段来看，受到自身范畴、上市效益等因素的牵制，只有少数规模较大的地产公司可以解决前端的问题。如果地产商具备强有力的整合资源能力，最大限度降低成本的同时又能联合优秀的设计单位，多方协作就会产生良好的结果。以水平线设计公司为例，在承接高档精装修楼盘设计项目时，会请地产商提供其下游产业链中所有合作方的联系方式，以便核算成本、造价和利润，这与设计当中的收口系统有着密切关联。可见，在前端的合作关系中，项目的进展和审美之间的关系并不密切。这里的美泛指没有表情的空间，而空间的美需要入住者通过生活积累进行不断沉淀，以上才是优质的精装修内容。

当然，批判精神依然存在。那些尚不成熟的地产公司向市场提供了尚未完善的精装修产品，老百姓在被动地为这类产品买单。第一种是将商业照明结合酒店照明运用在居住空间中，造成过度浪费能源的精装修；第二种是收口系统没有完全解决的精装修，以呈现美感为目的不收口的阳角；第三种是地产商没有联合优秀的设计单位作出前端的解决方案。凡此种种问题，其实都能够通过成熟的地产商以强大的整合能力去改变。

什么样的生活方式才是被需要的？目前的讨论涉及两个方面：一方面是院落式住所与中国传统院落之间关系的处理，是否具有当代性，这是一个很重要的指标；另一方面是在城市居住环境下，垂直建筑中是否存在邻里关系相处的模糊空间。这两个指标，一个是院落摊开的、属于少部分人的；另一个是城市垂直之后的、一家一户互不相识的。处理这两种关系所面临的问题并非老百姓可以解决的，而是上面所说的，地产商是否具备成熟的整合能力，或者设计师是否具备迎接这类设计挑战的能力。（**本文文字编辑李岩为深圳市水平线空间环境艺术设计有限公司媒体主管**）

What kind of lifestyle is needed? Current discussions include the following two areas, one is whether the relationship between courtyard-style residence and the traditional Chinese courtyards is contemporary; the other is whether there exists ambiguous space between relationships among highrise neighbors.

什么样的生活方式
才是被需要的？
目前的讨论涉及两个方面，
一方面是院落式住所
与中国传统院落之间关系的处理，
是否具有当代性；
另一方面是在城市居住环境下，
垂直建筑中是否存在
邻里关系相处的模糊空间。

FIGURES

人物

执行编委：费宁

赖亚楠
Lai Yanan

北京联合大学艺术学院副教授

DOMO nature 家具设计品牌创始人

扫描二维码观看视频
赖亚楠：我与设计

LAI YANAN, MOVING FORWARD WITH DOMO NATURE BRAND

Over the years, I have dedicated my life to one thing, which is to improve the taste and standards of customers with certain desires and needs by providing some practical products.

text Cui Xiaosheng

赖亚楠设计作品：龙旗广场龙圣汇商务会所

赖亚楠，与 DOMO nature 设计品牌一路前行

文　崔笑声

这么多年我致力于做一件事情，就是针对市场有一定生活层次的消费者，提供一些实实在在的、解决生活问题的产品，提升他们生活空间的整体格调和品质。

作为老师，用心在教，不求回报

崔笑声：我们都是在学校做老师的，谈谈你是怎么教学的？

赖亚楠：首先，我在教学的过程中采用灵活多样的方式，有时是面对面授课，或者带学生到一些场景和相关企业体验参观学习，或者请著名的行业专业人士和设计师来悉心指点。

其次，我讲的内容首先学生得认可。我会从设计观念、设计认知、设计的价值观，到使设计能迅速落地的层面，甚至到商业层面上进行讲解。而这些内容对一个准备步入职场的设计系的学生都是非常实用的内容，他们会有收获。做老师这个

职业，我希望做到问心无愧，因为我是用心在教，不图任何回报。作为老师，在教学上全心投入、专心致志，对学生从专业引领到建立观念再到学有所得，甚至人生规划的指导和启发，这些我认为是一个老师最基本的职业操守。

崔笑声：谈谈国内的设计教育。

赖亚楠：我国的设计教育与世界其他一些国家比起来，有些方面还是比较滞后的。在国内，南方和北方的设计教育院校也有很大的差别。有些国内的教育体系特别不适合设计专业或门类，从课程设置到课程安排，专业性都不够，整个资源也不匹配。我们经常到国外的一些大学参观交流，

看到老师们都在各个工作室、实验室里专注地干活。然后出来的都是实在的成果，是能直接走向市场的成果。

如果有一个品牌厂家，需要买产品，他得看到你设计的成品放在那里，又正是他想要的，那他很快就能和你达成合作。未来的设计师就是要为每一个品牌提供产品，提供设计服务。只要有品牌需要的产品，即使你大学还没毕业，那同样也能成为设计界的新星，而且是真正的新星。而在中国的教学中，学生画了一堆图纸，很少会转换成实物。所以说国内的设计教育，在从设计转换成实物的过程中缺少一些良性环节。

崔笑声：你在教学当中，会不会跟学生说实践当中的一些经验？

赖亚楠：当然会，而且我一直都是在分享我的经历和经验。我总爱跟学生说，这事不能这么干，以前我就吃过亏，曾经在什么地方折过跟头。我的一个基本原则就是真诚和本色。你不是要装成一个学问先生，你是要实实在在地把你真正的心愿和成长经历，毫无保留地分享给学生，让他去理解和吸收。

作为品牌创始人，谈谈市场、客户、产品、定位

崔笑声：你作为 Domo nature 品牌创始人，谈谈品牌的创立和经营。

赖亚楠：作为一个设计师，当你的产品被定位和以品牌身份步入市场以后，很多东西会迎面袭来，要求你不得不实时调整和平衡各类事情。

像我们这样的一个设计品牌，要想在市场上、在行业当中立足，你就得逼着自己必须进入到一些渠道当中，那是一个非常重要的战略，只有这样你才算走上这条道了。多年前，一些老板在我面前总说"渠道为王"，我根本不理解这话是什么意思。现在有所体会，但也在做一些逆向思考。

崔笑声：你做品牌那么多年了，谈谈这些年来市场和消费者的变化和你想的差别大吗？

赖亚楠：差别很大。2008 年我在中粮广场开店，那个时候的客人会觉得"哟，这还挺贵的，是进口的？和一般产品长得不太一样啊？"当然能说这样的话的客人一定都是一家家买过一圈的，是兜里有点钱还会花钱的，还有一定是受过非常好的教育，在那个年代就是消费金字塔上最高端的客户群。他们喜欢你的东西，喜欢你这种调调，但是还不太认识你。市场真的给了我一个非常大的惊喜，就是现在的客人真不一样。因为以前我总觉得客人不行，后来我忽然就发现，不是客人不行，而是我没有了解特定客户的需求。

一开始我对市场、商业、客群这些东西都是抵触的，但是现在我一点也不排斥市场，我觉得这就是你必须要去面对的。做品牌必须梳理客户的需求，然后通过我们自己产品的长相和属性结缘一批忠诚的粉丝，最后粉丝就变成你的朋友。

崔笑声：现在成功的商业设计丰富了我们的物质生活和精神文化需求，但也助推了过度消费的行为，从可持续发展的低碳理念出发，功能闲置及过度创新设计是对人类社会资源的不负责任。设计师设计的目的是该刺激消费欲望还是削减消费欲望，如何把握设计的价值取向？

赖亚楠：问题的核心不是消费，而是消费的态度和方式，以及被消费的产品和内容。价值观起到最根本的作用。健康的价值观会产生健康的消费态度和积极的带有社会责任心的生活态度，这一切都会从另一个角度去看待欲望和拥有。

设计师的目的应该是用好的产品来提升社会大众对美好事物和健康生活方式的向往，而不是产生过度的或与自身需求无关的欲望。当然如果对产品产生向往也就会发生消费行为，这似乎和主题矛盾，所以这就对所谓的"好产品"提出标准和要求了。即产品本身应该是以绿色设计为基本前提的，在流通到大众生活中能否改进和提升用户的低碳生活方式，用后不会为地球产生负面负担，这才是好的设计标准。

崔笑声：现在家具市场一直流行各种"式"。你怎么看？

赖亚楠：我认为无论趋势发展到哪一步，好用和好看仍是基本评判标准。但是生活在当下的人们，已经在纷繁的世界里面被各式各样的流派以及林林总总的产品搞成了选择困难症。在产品多元化趋势的当下，什么样的设计更加受欢迎？其实是给设计师提的一个严肃问题。作为地球人的一分子，我想推广的设计原则是做对可持续发展有益的"退物质化设计"，这样的产品如果成为真正的潮流，人类生存空间的持续性才有可能，我们所谓的美好家园以及美好的生活才可以存在。

崔笑声：现在的消费者年轻了，而且受教育程度高了。

赖亚楠：现在的消费水平也不一样了，另外一个的确有些消费者是见过世面的，他希望找点跟别人不一样的东西。

早期，大家对我们品牌的印象是高端品牌，其实我从来没想过做高端品牌。我很多年前就知道自己心目中想做什么，有什么东西要做的。因为家庭是重要的一个背景，其实我是一个很生活化的人，我的家人都是特别喜欢各种各样美好事物的人。最早我就是想要做一个品牌，做一个商业空间，在这里可以一站式采购你家里所需要的一切东西。而且你的消费是有尊严的，你拿着差不多的钱，但你不用买那种全世界千篇一律的东西，你至少可以有很不一样的选择。这是我最早做产品的诉求，也是我一直想做的一件事儿。

很长时间以来，我做了大量的东西，比如说在景德镇自己包窑做瓷器，然后我去做床品，做靠包，做餐垫……反正能做的东西我基本都做了。这样在我自己的项目里有一点好处，就是我基本不需要外购。但是做这个投入的代价也很大，包括时间、精力和钱，一年几百万往里头砸。对我和我先生于红权来说，一直坚持在做，也让客户知道我们真的是一直在养着这个品牌。就跟养孩子一样，每件东西都希望做到尽善尽美。而且我们一直是自己设计，自己生产，自己销售。

崔笑声：这个我们能感觉到。但是产品生产的话，OEM 代工厂可以干吗？

赖亚楠：这个你做了就会知道，像我们这种苛刻的眼睛里都揉不了沙子的人，找任何一个合作伙伴都像去相亲一样，太难了。像偷工减料、工艺将就、Copy 你的产品自己去卖等各类事情防不胜防。

崔笑声：不是有设计师只卖设计吗？为什么要自己做品牌？

赖亚楠：设计师只卖设计相对会简单轻松很多，

但要做一个品牌还是需要一个综合性的考量和挑战的。即便是在一个熟知的领域里，你也会有很多短板，所以你要不停地学习，不停地去面对各种你接受和你不希望接受的。但我总认为我不该只做一个单一的设计，因为我是做空间出身的，我还是习惯用一体化设计思维去打造一个整体的空间，我更希望通过设计去引领一种生活方式。

崔笑声：那你和你先生两个人是如何分工搭配的？

赖亚楠：也没有特别明确的分工，还好我们比较互补，有些时候我们会主动去做一些对方不愿意做的事情。最重要的是我们的价值观和对设计的认知非常一致。就这点而言，作为夫妻和工作伙伴我们是幸运的。

崔笑声：我觉得你俩搭得挺好，一个主内，一个主外。

赖亚楠：坦率地讲，我也是很被动的，我也希望能安心地创作，只不过我们的性情不一样，比较而言，我活跃一些，我的沟通能力语言能力相对要好，品牌需要我做什么事情我就要做什么。我依然会去做方案，做项目，去出差，到工厂，下车间……我依然做着这些事情，能投入地做到现在，唯一的原因就是因为自己喜欢和热爱设计这件事。

这么多年我们其实一直在致力于做这样一件事情，就是针对市场的大众消费者，给他们提供一些实实在在的、解决生活问题的产品。当然这些产品既能够被他们认识接纳，也有一定格调，是能够提升他们家里的整体调性和品质的。

崔笑声：我觉得现在已经有很多其他专业领域的人侵入到室内设计行业了。

赖亚楠：现在建筑师都做到室内来了，然后像我们做产品，空间四白落地，摆上我的产品，空间也能形成一个很协调的调性。

崔笑声：在一些工装领域，室内设计师可能还有

12 间公益设计项目

龙旗广场龙圣汇商务会所

新疆和合玉器展示空间

优势，但是我觉得未来的发展，应当是越来越产品化，人们更多地选择满足不同生活方式的产品，以及满足不同审美的产品。

赖亚楠： 但不管怎么说，真正有实力的或者是有素养的设计师，发展的空间还是很大，因为现在真正专业的和有职业高度、认知高度的设计师还是凤毛麟角。

崔笑声： 现在就是整合淘汰期，一个设计师的前提是他要么特别综合，整合能力特别强，要么就一件事干得特别精，然后下面的人就会慢慢被淘汰掉了。建筑师为什么往室内市场跑，因为建筑的增量市场几乎没有，只剩下存量市场。还有一个就是产品类的设计师，迭代非常快。

赖亚楠： 从市场上看，现在人的认知和信息的迭代特别快。这个市场还是属于快消阶段，消费的时间性很短。

崔笑声： 你们想过产品大规模生产吗？

赖亚楠： 现在没有，本身没有那么大的市场份额。但是我们会有自己的定位、规划和节奏，就是我们将来永远不可能去做大规模生产的一个市场。我们针对的是看中我产品的人，这一定是有市场的，因为人的感知是不一样的，就像你不可能让全世界的人都喜欢喝咖啡，在中国很多人还是喜欢喝茶，这就是现实。所以我觉得在一个客户和课题系统之上，你能做到很精准或者是说服务得非常完整的话，就很不错了，所以这方面我从来没有不开心。

崔笑声： 如果个性化需求与你本人风格相去甚远时如何平衡？

赖亚楠： 如果取向正确就不会出现这类问题，风格不是设计的全部，或者不能说风格可以界定设计之类的话。风格只是某种情境或意境下的需要，好比酒和下酒菜的关系。

崔笑声： 现在越来越多的设计师走上屏幕了，帮助普通人去改变他们的生活。但是很多时候改装了新家以后，业主没有像设计师考虑的那样去用这个家。

所以你认为服务性设计是设计实践的一个新领域吗？或者它不属于产品设计范畴？

赖亚楠： "服务性设计"可以说是设计实践的一个新领域。如果设计被定义为"以产品为载体，解决使用上的问题"的话，服务性设计的确是个新领域。但如果把设计定义为"创造人类健康、合理的生存方式"的话，服务性设计就是设计的最高层次。它是人类进入可持续发展阶段的必然境界，不仅解决当前的人类生存问题，还要思考人类下一代以及未来人类生存、发展的可能，"提倡个人使用，而不提倡私人占有"。中国古代的哲理早就提出："留有余地，适可而止。"

设计师这个职业对一个人的全面素养要求是非常高的，你的综合能力得超级强，在设计服务的过程当中也是你学习和提升的一个过程。通过你的人格和专业认知能够影响到客户，所以我觉得设计本身具有教育意义。

设计师看设计展

崔笑声： 4月份大家都去米兰看展了，谈谈你的看展体会？

赖亚楠： 其实我和我先生从2000年就开始看展了，像米兰展、科隆展、巴黎 M&O 展，有些展每年都去。看了十几年的展，照片越拍越少，经过整理发现原来展会上暴走到腿软的成果其实每年的变化并不大。所以就关注的层面来讲，方向和内容是有持续性和代表个人好恶的。说到关注其实还是因为受到了某些方面的刺激，如果一个已经很熟悉的品牌和设计，但每次看到它你依然能感受到一种刺激和震动，这种设计一定是有生命力和感染力的。就像某个我们称之为有魅力的人，你一次次接触，每每都会被吸引，越深入越有感觉，从而迷恋上他（她）。

每次看到意大利的著名女设计师 Paola Navon 的作品就会有这样的感受。对于她的作品我是这样总结的：因为有强烈主观的个人主张，所以视觉识别性很强，对于材料的应用和表现也有自己独特的感知。她是一个特别善于将产品与空间关系做的恰到好处融合的设计师。对色彩有着非常敏

Designers belong to the service professions,
it requires us to have high levels of personal qualities,
even with strong ability to summarize,
we could still learn more and improve during the process of design services.
That's why we believe design itself is educational.

设计师是一个服务性职业，
对人的全面素养要求是非常高的，
即使有超强的综合能力，
也能在设计服务的过程
得到学习和提升。
所以，设计本身具有教育的意义。

感而成熟的控制能力，并且她的设计呈现出一贯的率真和趣味。另外，我作为设计师，在她的作品里可以解读到的一个设计真谛就是：设计一定是轻松的，让人感到愉悦的。Paola 的设计就是这样轻松诙谐地说着一个个动人的空间故事，让人因为不断的愉悦和惊喜，而感叹连连。每次展会中一些著名品牌还特别邀请她做一些展会配套的商业空间设计，通过这些设计也能非常明了地感受到 Paola 驾轻就熟的四两拨千斤的设计魅力。

崔笑声： 最后归纳一下你的设计特点，你觉得自己的设计与众不同之处是什么？

赖亚楠： 自己总结自己总是很难的，因为很可能不够客观。如果我做的东西让大家的理解和认识有共同性，我倒认为这是总结的最大意义。我不能总结我的设计特点，但可以表达我的设计观点，或是我的设计追求。我的设计一直力图规避一味追逐时尚的表面化的设计，强调设计最重要的是要保持真实性，而这种真实性也能真正代表我的价值观和审美观。它就像一面镜子，折射出它所要表达的思想内涵，同时又可以洞悉一切。作品就像"镜子"，表达他在设计中所包含和承载的所有内容。我们以设计去创造的过程，就像在用一面镜子每时每刻地反射着，反射我们的价值观和准则，反射我们关于社会发展的眼光和观点；但反射出来的如果是对物质的欲望、暴力和愤怒时，我们不但无益于社会，相反则是在摧毁整个社会。设计应该触及和反映到的是精神的世界而不是物质化的世界。尽管产品是物质化的表现。从这个角度来说，我们需要对社会负责。好的设计不仅能引发思考，而且能解决问题。

12 间公益设计项目

龙旗广场龙圣汇商务会所

新疆和合玉器展示空间

适度生活

文　赖亚楠

LIVING IN MODERATION

Be true to ourselves,
 pursue the ideal life that is suitable to ourselves,
adapted for usage, and moderate in style,
try to avoid the attention-grabbing
and fickle-minded material world.
Let "moderation" become a lifestyle
and attitude, "restrained" without too much
"exaggeration", have a resilient life.

text　Lai Yanan

忠实于自己的本心，追求理想中适己、适用、适度的生活，避开扎眼又浮躁的物质气味。让"适度"成为生活的一种方法和态度，"及"而"不过"，弹性生活。

最近一直喜欢看《舌尖上的中国》，咽着贪婪的口水领略考究的摄影技巧展示的各类美食与充满智慧和技能的操作过程，同时也被这些美食背后诉说的一幅幅鲜活真实、生动有趣的生活画面而感动着，更被其中体现出的"留有余地、适可而止"的生存境界所折服。"不同地域的中国人，运用各自的智慧，适度、巧妙地利用自然，获得质朴美味的食物。能把对土地的眷恋和对上天的景仰，如此密切系于一心的唯有农耕民族。一位作家这样描述中国人淳朴的生命观：他们在埋头种地和低头吃饭时，总不会忘记抬头看一看天。"

2006年年底，观看戈尔的环保主题纪录片《不可忽视的真相》，里面赤裸裸的环境恶况让人触目惊心。二氧化碳、塑料袋、矮森林、土地沙化……抱着环保是现代人的基本美德及最适度精神的想法，很多设计师让生态、保护、培育、有机、再

生等普世观念在世界各地落地生根、开花结果。环保材料木、纸、棉布的产品体现了他们对于自我的忠实，对未来的负责，人们对它们的选择，也折射出一种祥和的审美情趣。

随着心理学、符号学，经济学、人类学、社会学在设计研究领域的应用和发展，在材料、技术、工艺、结构、生产流程、工业工程，形态、细节、色彩、人因、语意、品位、品牌战略、可持续发展等因素的探索和考虑，致使产品的消费方式、使用方式或服务方式的改变，对当今社会意识形态或生产方式、生活方式的变革产生积极影响。

"适度的饮食，适度的消费，适己的婚姻，适度的阅读，适用的思考，适度的生活，适度的设计"，这是当前人类面对严酷的地球资源、环境污染、人口膨胀的现实唯一可选择的态度，这正是科学发展观和可持续发展的必由之路。

什么是适度的生活？我们对于生活的见解，常常因为新事物的出现而改变。新事物的探索路径常常是由于我们的追求变向而转弯。我们经常处于这种潜在的相互制约当中，我们沦陷了，几乎忘掉了自己心中一直追崇的生活理念。不适度的生活让我们眼花缭乱、身心疲惫，虽然我们还马不停蹄地追求着，却始终落在了先锋们的后头。

可是，适合你的生活，和你所喜欢的生活到底是什么？我们真实、自然、温暖、简朴、诚实，其实，我们坚持着某种相同的价值观。我无法准确地定义，但我可以这样告诉你：适度要建立在了解自己的基础上，忠实于自己的本心，追求理想中适己、适用、适度的生活，避开扎眼又浮躁的物质气味，由欲望带来的过度消耗，不是长久之道。让"适度"成为你生活的一种方法和态度，"及"而"不过"，弹性生活。

有时候，生活像是走夜路
我们总是看不到远方
一直走在路上
却忘了抬头
看天上的风景
给你一个气球
你就能摸到幸福
品到了心灵的意境
梦想的花园，
种在每个人的心里
恬静、清新、和暖
在这里，思绪无垠……
夜
给人宁静的感觉
夜
比昼更多一些舒畅的心情
更少一些喧闹的噪声

当我们还是个孩子的时候
总是可以睡得很安稳
渐渐长大了
在繁忙的城市里
只有夜晚可以平静
只有夜晚
辛劳的人们可以停下来享受休息的乐趣
于是
我们开始向往我们的家……
创造这样一个城市空间
人们居住于此
远离喧嚣
白天
可以亲近大自然的风光
享受青山绿水天然氧吧的安静和乐趣
夜晚
可以如婴儿一般安静地睡眠

这里的白天
给人以夜晚的宁静
这里的夜
比别处的夜更美
我知道你累了
喧嚣之后
让我们品尝一下薄荷的味道
让美丽
适度在夜园中绽放
关掉你高速运转的感官
用心来感受空气中弥散开来的味道
有时看似空无一物
却容纳百川
在这里追求适度生活的品位

DESIGN STARTS WITH LOVE OF THINGS

*Her uniqueness probably
comes from incessant "love":
falling in love,
love of things, love of words, love of paper···
she thus describes herself,
"design is a way of my 'speaking',
just like writing."
Her authenticity is very endearing.*

text Zhang Chen

设计从恋物开始

文 张晨

她的特别，大概从不间断的"恋"开始：恋爱，恋物，恋字，恋纸……她形容自己，"设计是我'说话'的一个方式，和写作是一样的。"她的真实令人喜欢。

赖亚楠黑直的长发下，总是闪着一双有内容的眼睛——用它们，她发现了老物件的美丽，又创造了另一种属于中国人的美感。她的设计，是从恋物开始，于是你会从中看到传统功能性之外的更多精神追求。

人的嗜好，许多都能在童年有迹可循

从成长史开始谈起，赖亚楠的确显得比较特别——她的美学启蒙，是古典文学。家族的知识和文化传承，会是怎样的体现？读万卷书绝对是第一步。还不到学龄的她，就已经通过祖母给她朗读而了解了"四大名著"全部的原著面貌，也已经几乎认识所有的常用字。读古典的文字，让她的血液中很自然地融入了古典美的"基因"，天天端坐提笔习字的功课外，连"玩"都与众不同。她最喜欢游戏寻宝，从小就想当个考古或者地质学家，充满猎奇心理的她住在大连的传统日本房里，早就把她家那条街上所有的地下室都翻了一遍，甚至还喜欢在院子里埋东西，过一段儿时间再挖出来，这种情结很早就有。奶奶针线盒里的一枚古老顶针，爷爷放在柜顶的老式收音机，还有诸多可能是大人眼里的"破烂"却是她心头的"宝贝"。未记事起，她就是一个恋物的小孩，恋的还是旧物。

旧物故事，承载与生俱来的文化记忆

喜欢收旧东西的人只有两类，一类是没心没肺纯粹喜欢，另一类是喜欢之外进行发散，赖亚楠属于第二类。她从中找到了认同和美感，不是因为它是老东西或有很高的价值，只是因为它很美。分析起来，这大概与一个人的精神富裕程度相关——精神世界足够丰满的人，才可能将吸收变成创作，溢出给别人看到。在她眼里，家是一个收藏盒，里面应该放着和她生活经历有关的物件和陈设，让她只要回到家里，就可以和自己的经历作伴。但是她的设计，绝对不能任性地"个人化"，而更多考虑将她对中国文化的理解具象化，引起更多普通中国人的文化记忆共鸣。这几乎可以从DOMO nature品牌的受众群"演进"中找到明确结果。在西化的时代，恰恰成为DOMO nature的机会，和早几年比起来，他们的受众群越来越开放，本来局限于所谓比较高端的圈子中，现在很多普通人在展览中也会感觉非常好。"毕竟在本土做本土设计和制造，还是有血脉的亲近感，不要低估老百姓的感悟能力。会不会去买是另外一回事，但他们能够喜欢和接纳就是很好的事情了。"人们需要触动和启发，而后才开始思考，赖亚

楠认为这种思考是可贵的。她的想法在成长："最成功的设计，还是被大家都认同的东西，是为大众服务的，而不是曲高和寡的。"

坚持原创，寻求更好的生产方式

赖亚楠之前坚持DOMO nature控制在自己设计和自己生产之下，它们的手工含量很高，从设计语言和产品面貌来讲，它们不可能像IKEA那样生产，也带不来IKEA那样的销量，这是个小循环，对赖亚楠来说似乎刚刚好。只是，她也不避讳自己的犹疑——是突飞猛进，还是控制进度？但答案其实很自然，需求变大，系统就会成长。今天，她在设计上依然把"原创"二字悬于头顶，但在生产上，转而寻找更有行业意义的合作。从东莞的国际级家具制造商开始，她在推广自己品牌的同时，也很可能将中国家具制造企业的实力带到西方世界。当

DOMO 空间

然，作品的艺术性一定会阻碍量产，但对中国传统文化的传承和坚持之下，这种定位也显得十分合理。

新式环保，重新定义中国式生活

虽然在做有文化的设计，但赖亚楠却很敢说话："设计不要解读得多么有文化，我们不是思想家，我们是为大众创造生活方式的，现代人对生活的感悟太少。你说我们现在人的生活品质高吗？便捷，发达，但品质很低。我们在用塑料杯、纸杯喝水——老祖宗比我们讲究得太多了，女人化妆的物件，男人喝酒的酒器——那么多的细节都没有了。"于是，她将自己的产品设计定义为对心灵的表达，对中国传统美学的解读，并把这种方式运用在现代生活之中，是脉络的传承，而不泥古。的确，中国文化不可能只有一种面具化的形式，设计师拥有个人观念很重要。作为一个关注时尚并有着先进理念的设计师，赖亚楠的 DOMO nature 品牌对"环保"进行了新的演绎，老榆木的家具是老材料的新生，而铆钉组成的台灯，则是对工业废弃材料的重生。她在引导消费者去欣赏退物质化的设计，"红木好，花梨好，我也不建议有钱的人这么去消费。"生活在不同的时代，生活方式就会有不同，以前是手工时代，产品面貌是精雕细琢，现在是工业时代，不用退回到古代去，只要让人们感受到老祖宗的精神，就不用对工艺或者物料刻意追求。

同业同好，众人拾得好柴火焰才更高

对于最近 10 年涌现出的大量"原创设计"，赖亚楠感到十分欣喜。她的自信延伸到对同业的积极赞许。即便如此，她还是对当下中国的艺术状况有看法，不仅仅是设计，"很多人剥离开自己内心的思考，总是想出奇出新，走着走着就是哗众取宠了。设计并不是夸张猎奇和喧嚣"——好的设计是一种分寸和火候，一种有水准的控制，就是到位。设计是需要品位，但"品位"这个词如何解释呢？其实很简单，它就是美的标准。关于创造"美"，它一定与天赋有关，当然也少不了后天教育——就这二者，设计圈的现状看起来并不那么理想。我们生活在东方，但是要恰如其分地表达中国文化的韵味和气质，并不容易，需要具备深厚的文化修养和灵敏的感觉，做到形神兼备才是美。所以，赖亚楠认为设计师一定要找到自己内心的文化属性，做自己血液里的东西，"从 copy 产品到 copy 设计，copy 设计其实更可怕，这相当于你在抄别人的思想"。

She defines her product designs as the expression of her soul, as the interpretation of the traditional Chinese aesthetics, she considers that applying her method in modern life is to carry on our heritage yet not blindly worshiping our tradition.

每一次见赖亚楠都会增加一层对她的喜欢。东莞名家具展上她有点酷；上海 PULI 酒店的采访中她有点柔软；而在大连"非常饰界"的年会上，她又展现了热忱的本真。她的特别，大概从不间断的"恋"开始：恋爱，恋物，恋字，恋纸……她的生命有热度，就像她形容阅读之于自己，"阅读在生命里和吃饭喝水一样重要，甚至在生活层面上比设计更重要。设计是我'说话'的一个方式，和写作是一样的。"她的真实令人喜欢。**（本文作者为颐家家居网编辑）**

她将自己的产品设计定义为对心灵的表达，对中国传统美学的解读，并把这种方式运用在现代生活之中，是脉络的传承，而不泥古。

宋人画灯

墨韵

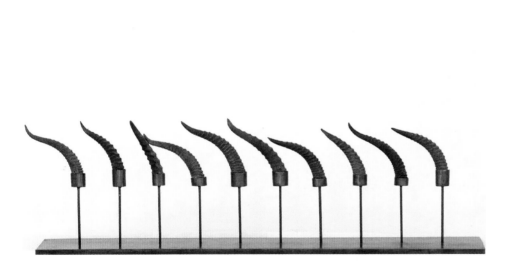

羊角摆件

老榆木台灯

LAI YANAN'S WORKS
赖亚楠设计作品

以线导读

因为私交很好，主人没有提出设计上的具体要求，设计上的自由使设计师得以最大限度地发挥创意。她没有为空间设定任何一种风格，只要所有的内容都做到位了，风格便会自然呈现。采用一目了然的舒展线条，导读这个兼具小型私人会所的家居空间，以横平竖直的线条"轻吟"出一个可以打动人的空间，体现出设计师审美认知的高度和

功力的把控。同样的素材在不同人的把控及表现下，一定会呈现不同的状态。

从大门进入会客厅的一脉动线，让人感受到直线条行云流水般的无拘无束，极简的吧台区，言简意赅的设计，让人放下欲望的负累，享受宁静从容。

中庸的减法

利落的线条，朴素的原材，素洁的色彩，都是一

个减法空间的要因。但一味的简单便会流于空洞乏味，考虑到居者的感受，需要在细部上做"加"的游戏。因此，设计师称之为中庸的减法。

贵州木纹石材铺就的地面，黑白灰色的晕染效果形成天然的水墨画，点缀其间的黑色方形拼块，既呼应了边角的走线，又丰富了视觉感受。

度身定做，是空间内最为潜移默化的"加法"。

项目名称：廊坊艾力枫社私人会所

项目地址：廊坊新奥高尔夫球场

设计单位：北京杜码壹家环境艺术设计有限公司

参与设计：于红权

项目面积：2000 平方米

摄影：马晓春

主要材料：灰木纹石材 白橡木饰面 真丝墙面软包 手工镜面 不锈钢

无论是结合了古典雅韵与现代酷感的玄关，还是与空间搭配得宜和谐的边几、灯饰，甚至是卫浴间的垃圾桶、镜子等，几乎都是由设计师依据空间需要主导设计制作的。这样隐匿的"加法"，极其有效地把控了空间调性的完整统一，又不会缺失艺术设计的独有魅力。

灰色透明

采用中立、平和的灰色作为主调，希望空间可以弥散着一种特别宁静的感觉，没有忽起忽落的情绪冲突，也没有刻意的色彩对比游戏。一切如水般平静，却又很润泽柔顺。

在不招摇的灰色背景下，每一样家具、配饰都各自呈现美与价值，灰色宛如透明，低调却又强大。

"大象无形"，灰色过滤了喧嚣的杂念，在仿佛不存在的色彩中，令人感受到真正的放松，心无旁骛，体现设计初衷——用环境影响与观照内心。

回望这样一个空间，深刻地感受到设计师所追求的"一体化设计"，设计不仅以物质形态呈现，还要与空间中的人融为一体。即通过物境的营造，产生情境感应，进而抵达意境的提升，三境一体，才是真正的一体化设计。

人物

赵尔俊

Zhao Erjun

职业画家

扫描二维码观看视频
赵尔俊：穿越黑白

ZHAO ERJUN, UNDER THE BRUSH: THOUGHTS ON HUMAN NATURE

"Black and white series"
are the language of my heart.
Whenever I see a human body I can feel the lines,
flowing with a life of their own.
Nude figures express my subconscious in a way
that is most natural and comfortable.

text Fei Ning, Zhou Li

赵尔俊，画笔之下的人性思考

文 费宁 周立

赵尔俊作品：《晨》

"黑白系列"是我心里的需要，是我本能最想表达的东西。当我看着这个人体，感觉到线条的游走，形与形的交汇，到达我心里的某个地方。这些有点像本能的东西，其实是你潜意识里面非常触动内心、贯穿生命的一种东西。

艺术就是情绪的出口

费宁： 看你的画，我就觉得有很深的那种忧郁和伤感在里面，但是表现的技法又给人很强的能量的感觉。这两种感觉糅杂在一起，又冲突，又和谐，这个感觉特别好，特别美。

赵尔俊： 其实这种感觉我是从一些老的石雕像上面来的，就像你在一个陌生而遥远的欧洲小镇，走着走着，突然间遇到街上那些长着青苔的雕像，你会特别感动，你对生命、岁月、天地的感怀就来了。石雕经过风雨和时间的洗刷存留下来，斑斑驳驳，很有时间感，也有一种残破感、悲伤感。时间能创造的美是很沉的，很实实在在的。

费宁： 这是你作品里面的 DNA，也是一个人的 DNA。

赵尔俊： 作品里的情绪其实是和一个人从小的经历有关的，你经历过所有的东西积淀在里面了。我们的潜意识会决定我们的情绪，比如害怕或者伤心。潜意识这个层次是由什么影响的呢？就是你从小的经历，那个时代的印记，还有你的原生家庭的很多东西。一些伤痛你以为是治愈了，或者你以为已经忘记了，但其实那是因为在我们的心理上有一个保护机制，这些经历在潜意识里一定会作用于你的。我觉得艺术真的是我们的情绪出口。

费宁： 自己喜欢的那些事物会对自己造成影响，但是非常不喜欢，很抗拒的东西，也许对自己的影响会更大。我们第一次看到你的画都以为作者是位才华横溢的猛男，气场很强大的，但一看你本人，感觉反差太大了。

周立：不能言说的很多情感可能就是通过你的画风很自然地就传递出去了，而且你也没有刻意地渲染，所以你的画有这么强大的感染力，这么强的冲击力。

以旁观者的视角描述人

赵尔俊：我对于人的精神世界比外在世界更感兴趣。其实世界很大，但对于精神，世界又很小。像建筑这些物质真的是可以一下子灰飞烟灭的，有些领域我们很多时候是不知道的，不知道就以为没有。其实，我们能感觉到的东西是非常有限的。

周立：唯物的基础是眼见为实，但是有很多东西在目前阶段没办法用一切方法来论证它的时候，并不说明这个东西就不存在。

费宁：我觉得你的画是跨越东西方的，你画的不是专属东方的，也不是专属西方的，你画的是人类的感受。

赵尔俊：我只想表现某一个时空中某一种人的某一种小情绪，以人类的旁观者这样一种视角来描述自己所感知的。我觉得民族性太小了，人应该是人，从这个角度来说，通过作品我想成为一个抽离外在环境和一切利害关系的非物质的人，精神的人，纯粹的人。

周立：东西方的思想和认知不一样，你到国外之后有没有找不到方向的感觉？你的归属感在哪里？

赵尔俊：因为家庭在"文化大革命"时被划为"黑五类"，在那个重压环境里面，我小时候觉得世界为什么那么悲惨，就是阶级斗争，人与人应该是爱的。到国外之后，我看到了我要相信的东西。真的觉得爱是可以挽救这个世界的，爱也可以挽救很多关系，但是用打仗是解决不了的。

我们要回到人性上去，其实这个世界虽然演化了那么多物质，比如科技、城市、物联网，但是最根本的还是人性。人性中对爱的需要、人的幸福和需求，是我们应该去关爱和恢复的。人应该是

纯朴的、简单的、有爱的、真诚的，这才是人应该有的样子。我们对家庭社会的拯救，其实要把真正的人和家庭应该有的样子带回到我们社会里去。我们现在把钱当成神，把权力当成神，这个世界就扭曲了。现在人的很多困境都是因为我们太骄傲造成的，认为自己可以创造世界，拯救世界，人自己可以完成一切。

黑白人体是我的本能表达

费宁：谈谈你到美国后的创作。

赵尔俊：去美国之前我在中央美院进修了几年，其实已经有些功力了。但我去美国读书的时候有一个失败的感觉，那个学校已经到了所有的老师

不会画画了，在流行后现代主义。现代主义研究规律，认为世界是有规律的，一切都是有原因有结果的，有定数的。科学发展是一点点去发现世界的规律，包括表现主义在研究色彩、研究眼睛、研究架构里面的规律。

我到美国的时候，现代主义就有点破灭的感觉，开始后现代，后现代就是反现代主义，现代主义要有规律，后现代觉得没有规律。包括杜尚把小便池拿上来，打破艺术所有的规则。电影《终结者》讲到机器人发展到最后就会异化，异化之后就脱离人的控制，变成一个毁灭人类和地球的灾难。这些作品和电影表现出这个世界被异化，不把你带往上帝，而是带往地狱。我的系主任在美术馆

I only want to depict my perceptions from the vantage point of an observer of humanity, to express certain insignificant emotions of certain groups of people under certain circumstances, and to show humans free from their external social signifiers, free and pure.

我只想以人类的旁观者
这样一种视角来描述自己所感知的，
表现某一个时空中某一种人的
某一种小情绪，
通过作品成为一个抽离外在环境
和一切利害关系的非物质的人，
精神的人，
纯粹的人。

办画展，他的一个作品是从报纸上面抠的，把报纸上登的天灾人祸的哭的照片收集剪下来，然后用一个个镜框装起来，写着"纸上墨水"。

同学们对我说，随便你画什么，随便你做什么，只要你能够自圆其说。后来我找到一个办法，就把那些古典的名画拿来，用古典名画讲一个故事，比如《圣经》的故事。我用东方女性的身份，把它原来的故事拆了，我重新讲了一个故事，把我画在里面。

费宁：这样做，放在现在看也很时尚、穿越。你后来的《黑白之间》系列缘起于什么？

赵尔俊：《黑白之间》系列是后来画的。黑白人体其实是我心里的需要，是我的本能最想表达的东西，我觉得它就是我。我一直在教人体课，在中国的时候我教素描人体和速写；到美国读书的同时，一边教一边画。我对人体有一种感觉，当我看着这个人体，感觉到线条的游走，形与形的交汇，到达我心里的某个地方。这些有点像本能的东西，其实是你潜意识里面非常触动内心、贯穿生命的一种东西。

周立：自然而然黑白出来了。黑白人体对你来说是一种符号，成为你表现的主题，对吗？

赵尔俊：它有点像我表达的词汇。其实画其他也

可以画得非常有意思的，但是我没有那个爱好。从第一张画开始我画的就是人。小时候我们院子里来了一个画家，给我漂亮的小侄女画肖像，我在后面看，我说他画得不好，我来画。我就画了这第一张人像写生。我一直画人，画到大学里去了。我看人和人说话的时候其实也在画，我能阅读人很久，你的鼻子是怎么样，这根线这样画会好。我觉得人是我的最爱，也是最能够表达我的内心世界的一个符号。

周立：除此之外，还有什么事触动你黑白系列的创作吗？

赵尔俊：我读的研究生专业不仅画油画，我们还

有很多版画课，我很喜欢石版画。因为石板也是拿这样的笔，这样画了磨，磨了画，好细腻的效果。我也很喜欢国画的写意泼墨，我奶奶是画工笔的，姐姐是做漆画的，漆画实际上很讲究线条，这些都对我有影响。

国内外艺术教育比较

周立：谈谈教育，那时候在美国你对儿子是放手教育吗？

赵尔俊：孩子从小也喜欢画画，大概从两岁开始，至今二十几年都没有停过笔。他在造型、透视上都没有问题，没有专门学过，自己就解决了。在美国，艺术家实际上很难的。美国人认为艺术家很可怜的，是要救济的。因为儿子在学校的功课和成绩都很好，他喜欢生活轻松自在不要有压力。后来他看到了一些工程师挺自在的，我们就哄他，他就去考工程学院，他肯定知道他不喜欢，但是他还是把四年读完拿到工程学学士证书之后，回来跟我们说他要学艺术了。

这个时候我们也想明白了，人真的不是我们可以左右的。他现在是职业画家，他在这里面如鱼得水，天天快乐，而且很有成就感。画画对他来说好自然，当然也经过了时间的沉淀。现在美术市场挺好的，因为他技术上成熟，画出来的东西雅俗共赏，更受市场欢迎。而且对于一个年轻人来说，他觉得可以用他自己最喜欢的东西养活自己，他很开心，开心就好了。

费宁：坚持走自己的路，当然他也是受你的影响很深的。

周立：有一次我问在国外读书的年轻人，为什么不多出去看看世界。她们回答说，通过电脑屏幕，

多媒体上可以看到那么多图片，不如把时间省下来做目前最想做的事情。我说在那个环境当中你感同身受不一样。她说："我没有你这样的生活阅历，我看那个风景，我没法跟它对话，没法产生沟通。"所以可能是要到你这个年龄，我再出去进入这个环境。她们很直接，很直率。

费宁：直接，而且有她们自己的想法。很清晰自己要什么不要什么，不人云亦云。我就回想我们生长的那个年代，这些特质都没有。我们基本上是被生产出来的，被大环境推着走，到什么年龄就干什么事、说什么话。

赵尔俊：你们这一代应试教育特别严重。从模子里面刻出来的，每分钟已经被规定了。我们小时

候要什么不能给你什么，还有那么多的阴影大山似地压到你的心里面。"50 后""60 后"真的是心理有残缺的。我小时候当过运动员，后来又画画，被家里人弄成好像小天才，但我不会烧菜，不会做家务，以前觉得这些不会我依然过得很好，像特立独行的艺术家，特别值得骄傲。但后来我跟台湾姐妹们在一起的时候，我突然感觉我很羞愧。

费宁：你身上一些柔软的东西，人性最基本的特质和需要，你慢慢重视起来了。

周立：我也经常反思这个问题。在国外读书的年轻人讲，他们要写很多报告，我觉得写那个东西都没有用，作为学画画的人，其实还是画画是最根本的。你怎么看待国外的教育？

The domestic and international educational systems are quite the opposite in many ways. Chinese education is very pragmatic and graduates can easily fit market needs. Western education, on the other hand, is more about understanding how things work and ideology, their graduates tend to be more creative and have better problem-solving abilities.

国内外的教学体系完全不一样。中国的教育非常实用，从学校出来后很容易匹配市场的需要。西方的教育则稍微偏向体系和路径，将来可以有更多的原创性和解决问题的能力。

赵尔俊：也对，也不对。现在艺术学院在把人当哲学家培养，实际上这些都是要解决一个观念和眼光的问题。你要思考人生，你要读很多历史书，你要解决第一性和第二性，物质和精神，你要解释世界，而且真正的大艺术家，像博伊斯他们，要改变人们对世界的看法。其实每一次新的流派出来都是在哲学上推翻前面的观点，但是真的需要这么多哲学家吗？

费宁：我的判断是从理论上培养人的思考力，从逻辑性上来讲，可能会让你的画或者设计的生命会长一点。因为最终能打动人的是作品表象里面隐藏的思维。如果光是练手，但是不练脑，可能你刚毕业以后，能赚到钱，但是年纪慢慢大了，如果思考的体系建立不出来的话，成长性不强的。西方教育的体系，不是给你一个答案，而是给你路径和各种各样解决问题的方式。像现在一批批年轻人出去学，不管学纯艺术也好，学设计也好，你有什么建议？

赵尔俊：我现在视觉艺术学院上课，教的是动画专业，这个专业特别需要人体功底的。我觉得学生手上功夫实际上是很好的，很能画。国内外的教学体系完全不一样。中国非常实用的，成了一个产业链，进学校之前已经有很多的格式了，进学校以后可能又有格式，最后出来的时候可能很容易去匹配这个市场上的需要。西方的工艺美术也应该有这个成分，因为本来就是要实用的，可能它稍微偏一点体系和路径。你将来可以有更多的原创性和解决问题的能力。

费宁：跟社会的普遍价值观有关联。

赵尔俊：其实正常的，这个社会不需要那么多艺术家，艺术家真的是在好多波折和困境中挣扎，经过很多磨难，最后形成唯一的一个你。很多人本来就对艺术没有那么大的渴望，就算了吧。

费宁：是千锤百炼磨炼出来的。

赵尔俊作品：《月谷之五》

赵尔俊作品：《山菩林》

《困》

《我的海子》

《复活岛》

《城》

自然与设计

费宁：你的先生高超一老师做的是室内设计行业，你作为艺术家对这个行业有什么感受呢？

赵尔俊：我跟高老师住到特别好的酒店的时候，我感觉酒店很美，也很喜欢。但是如果让我选最喜欢的那个地方，我会觉得海边悬崖上岩石缝里修的房子或者树屋特别好，跟山、海、大森林、星空能够零距离接触，我觉得这种空间是我最向往的。

费宁：你对人为的正常的建筑室内并不感兴趣，你还是喜欢大自然的环境。你不关注人造的环境，而是喜欢自然环境，可能哪怕给你一个帐篷，把你放在很美的地方你也会很喜欢。

周立：不管住什么都无所谓，重要的是环境。喜欢自然的环境，还有跟喜欢的人在一起也很重要。

赵尔俊：对。我们一直到处搬家。但是我就觉得只要是你在，你就是我的家。

周立：就是心灵的归属。其实外在的真的无所谓，真的不是太重要。设计的最高层面是什么，就是要返璞归真。（**本文采访者费宁为苏州苏明装饰公司设计总监，周立为自由撰稿人**）

BLACK AND WHIT

黑白之间

This collection of work tells stories through lines.
I can feel the surge of water
and ink just like the erosion marks on the surface
of old statues where memories are washed out
and time brings transformation to the world.
 Between "Yin" and "Yang",
Heaven and Earth, the weeping horizon goes
farther and farther away.

文　赵尔俊

text　Zhao Erjun

这组人体画基本上用线条说话。墨被水冲击的感觉，像岁月被风雨冲刷的古旧残破雕塑的沧桑感。阴阳之间，天地之间，地平线呜咽着渐去渐远。

抽去虚幻，一切都在黑白之间。

画画时听我的瑜珈音乐，无字无韵来自海洋太空大地深处的声音，心专注于手，手专注于笔尖，心便寂静空旷，人渐渐缩小渐渐轻盈起来。笔尖的线条愈加沉，愈加锐。当线条，时而斩钉切铁穿插交错，纠纠缠缠不离不弃；时而迟迟疑疑松松紧紧地牵着，丝丝缕缕逶迤而下。现代艺术的美丽就从远古的洞穴时代缓缓地流出来。我始终喜欢线条，因为它们直接单纯，响亮没有杂音。这组人体画基本上用线条说话。

像泼墨一样，这些调子，滂沱而出，无遮无拦，却有着荒凉而遥远的神色，它们既是阴影又不是阴影，它们是抽象的并不受光和形的拘束。更准确地说，它们是中国画中的"气韵"，它们自由的、运动的气势，是因为画面和气氛的需要，造型和结构都交给了线，泼墨就抽象自由地体现着水和墨的交融、冲击，表达了画家心里的潮涨潮落。我喜欢墨被水冲击的感觉，像岁月被风雨冲刷的古旧残破雕塑的沧桑感。

人体于我，像赤身裸体的灵魂抖掉了层层尘世的衣妆，像罗丹的地狱之门……我一直喜欢注视黄昏风雨中的雕塑，特别是在古旧的欧洲，你时时与他们相遇。他们分明有人的造型，但是，他们很抽象、很像音乐。在夜色将近时，从远古的神话中走来，切切追问那个亘古之谜：我们从哪里来？我们到哪里去？生灵万物因着天国的想往而生机勃勃，大地深处的声音奇谲瑰丽和谐优美，芸芸众生却抛不开渐渐朽坏的肉体。在生死之间犹豫不决，在冥冥混沌之地纠纠缠缠，时而像天使时而像鬼魅，灵魂，干渴着卷曲着向荒凉而遥远的内心深处伸展。阴阳之间，天地之间，地平线呜咽着渐去渐远。

GETTING TO KNOW ZHAO ERJUN, GETTING TO KNOW "BETWEEN BLACK AND WHITE"

From looking at the connection
between Zhao Erjun's portrait series
and her "Black and White" series,
we can see that she never left classic art behind.
On the contrary,
she is delving deeper into the core of classic
arts - the humanity.

text Zhu Guorong

认识赵尔俊，认识《黑白之间》

文 朱国荣

从赵尔俊的肖像系列画与她的《黑白之间》系列画之间的关系来看，她并未从古典艺术中走出，相反是更深入了古典艺术的内核——人文精神之中。

《星辰》

认识赵尔俊，是从认识赵尔俊的画开始的。

2014 年秋的一天，我去黄陂路上的大剧院画廊看画，只要身在市中心，有空暇时就喜欢到大剧院画廊去看看，这已成为我的一种休闲方式。那一天，看到新挂出来的几张大幅人体油画，只有黑白两色，纤细的线条准确地勾勒出人体的结构，淡淡的墨色烘染出骨骼和肌肉的立体感，给我一种强烈的震撼力和优美感。作品卡上写着作者的名字：赵尔俊。

在一次画廊的开幕式上，经大剧院画廊总经理俞璟璐介绍，我与赵尔俊首次会面，原来不是想象中的高大的男子汉，而是一位身材娇小的女子，大大出乎我的意料。随着与赵尔俊交谈的深入，渐渐地拉近了我和她那些令人沉思的作品的距离。

赵尔俊是满族人，祖上为正蓝旗，所以她又名依而根觉罗·尔俊。由于家庭背景的关系，小时候的赵尔俊一次又一次地失去许多好机会，不免给她幼小的心灵蒙上一层阴影。赵尔俊在恢复高考的第二年，报考了四川美术学院，最终又并非是成绩的原因被挤出录取名额。好在后来苏州丝绸工艺美术学院接受了她，让她能够学习艺术，并于毕业后留校任教，教授素描。为了追求油画艺术的真谛，她于 1991 年赴美，进入维吉尼亚大学美术学院深造，获得硕士学位，并被该校聘请为特约教授。

赵尔俊曾创作过一批将自己的肖像移入世界名画中的作品，从表面形式上来看，这种创作方法与美国女性主义艺术家舍曼有点相像。舍曼曾经根据意大利文艺复兴三杰之一拉斐尔的作品《年轻女子肖像》创作《无题》，自己扮演拉斐尔笔下的半裸女子。她甚至还女扮男装，扮演了 17 世纪意大利画家卡拉乔瓦创作的名画《年轻巴库斯》中的酒神巴库斯。赵尔俊在她的作品里同样也是把自己放进历史名画之中，在那个色彩缤纷的浮华世界里，她回到孩童时代，在委拉斯开兹的画室里与《宫娥》一起玩耍；豆蔻年华的她不好意思面对布隆奇诺《爱的寓言》中的母子情爱场面而背过脸去；她喜欢在波提切利的《春》里与花神们相处；也高兴出席台德玛组织的《萨福和阿尔开俄斯》的音乐会。由此看来，赵尔俊的这类自画像作品与舍曼的作品是有区别的，她不是扮演名画中的某一个角色，而是把自己画成名画中人物的朋友，体现了她对古代经典艺术的憧憬和崇敬。赵尔俊的肖像系列画中，画面表现十分优美，色彩漂亮，而且也有独到的思想内涵，曾获得维吉尼亚艺术博物馆职业艺术家奖。

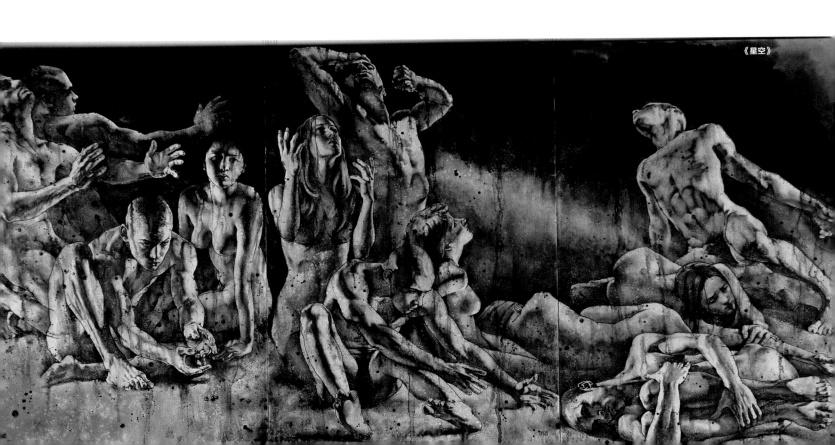

《星空》

近年来，赵尔俊选择了人体作为她油画创作的母题，可以说与她的人生经历有关。童年时代的社会生活环境曾经深深地刺痛了她，并直接影响了她的性格，内向的性格使得她只能关心自身，反映在艺术创作上，便扩展为对人性的表现。她创作的《黑白之间》系列画，一改前一阶段的肖像画风格，笔下的人物洗去铅粉，脱下盛装，漂亮的色彩挥之而去，经典名画的场景被撤得空无一物，只留下一个个赤裸的肉体，几乎是清一色的青年男女。他们席地而坐，或侧卧，或支撑上身，大都为蜷缩的状态，很少有直立的姿态。从人体的肢体语言来说，画中的这些姿态明确地传达出人物的内向性格和压抑的精神状态；他们深沉地思考，又被诱惑着渴望索取，经受着失败的苦痛；他们陷入了迷茫失落，又在心底燃起新的希望，平静地接受命运的安排。从这些幽灵般的人体中，我想到了米开朗基罗的天顶画《创世纪》和壁画《最后的审判》，想到了罗丹的《地狱之门》。米开朗基罗在

《荷塘》

壁画中描绘的是《圣经》故事里的人物，显露的是人文主义思想的光芒，真诚赞美了人的肉体，无情鞭挞了人的虚伪和罪恶。罗丹在《地狱之门》里塑造了 186 个男女人体，从各个人体的强烈动作上表现了人的情欲与恐惧、希望与幻灭。赵尔俊在《黑白之间》中描绘的单个或组合的人体，虽然是有血有肉的形体，表现的却是抽象的人和人性，带着一种宗教的意味，因此画家给一些作品取题为《亚当》等也就不足为奇了。在赵尔俊的黑白世界里，人的肉体只是一种艺术载体，表现的是人的本性，人的欲望，

人的贪婪和人的脆弱。在此种意义上，把《黑白之间》作品，看做当代的《创世纪》也未尝不可，他（她）们也许是从《地狱之门》里跑出来的精灵。

赵尔俊说，她的创作来源于模特写生，但不是画模特，她习惯于将人体速写发展为油画作品，在创作过程中融进了自己对模特的印象，加以想象，甚至梦想。这一创作过程就是抛开模特写生，使画中的人体涌进自己的鲜血，于是作品就有了生命，有了思想。赵尔俊对作品背景的处理，排除一切有形的东西，只留下泼墨的自由状态的痕迹，以造成一种空灵的意境，也带有了某些中国艺术的因素。在画题上，不少作品取自大自然的现象，如晨、夜、山海、湖等，意在更切合画面的意境，其提示的意图与虚无缥缈的作品背景是一致的。

从赵尔俊的肖像系列画与她的《黑白之间》系列画之间的关系来看，《黑白之间》系列画表示她似乎从古典绘画中走了出来，从艺术史的层面上走了出来，而转向现代，转向精神层面。如果从另一个角度来看，赵尔俊实际上是从美国式的后现代艺术中走了出来，从消费文化的层面走了出来，转向了欧洲的古典文化，重新探讨人性的本质问题。因此可以说，赵尔俊并未从古典艺术中走出，相反是更深入了古典艺术的内核——人文精神之中。（**本文为赵尔俊《黑白之间》系列绘画作品集题序，作者为中国美术家协会副主席、文艺评论家**）

案例

PROJECTS

EMOTION ORIGINATES FROM NATURE

情感源于自然

保定阜平大天井沟栈房

When facing a natural village,
designers have to
balance two issues:
one is related to comforts,
the other is related
to cultural heritage.

设计师
面对一个自然村落
要平衡两个问题：
一个是舒适性问题，
另一个
就是文化基因问题。

大天井沟栈房有两个院落，一个是四合院形式，另一个是并列的两座排房形式。设计造型特别强调自然、不刻意。四合院位于村落的入口处，土黄的泥墙，灰色的屋顶，原色木门窗，融化在蓝天白云下。走过一条粗糙的水泥路，一边是一块块菜地，另一边是一棵棵自由生长的杨树，来到排房院落。这个院落没有大门，用大小不同的石头垒起矮矮的围墙。左侧排房完全是传统的外观，从外面很难看出已经过改造，与右侧青砖泥墙的排房形成新旧对比，在绿色山丘的映衬下，体现出乡村建筑的演变历程。

主创设计：宋微建
项目地址：保定市阜平县阜平镇
设计单位：上海微建建筑空间设计有限公司
参与设计：鹿永刚　王静
主要材料：原木 石头 旧砖 玻璃

扫描二维码
观看案例详情

01
庭院空间
02
户外空间

01

02

设计者的话

THE DESIGNER'S WORDS

宋微建：寄托乡愁的归属地

河北保定阜平大天井沟栈房项目源起于 2015 年年末，中国城乡统筹委和阜平县政府的委托，是我们陆续启动的 10 个美丽乡村规划设计项目之一。阜平地处河北省保定市西部的太行山区，是革命老区、贫困地区。大天井沟，是邻近阜平县城的一个自然村。

2016 年夏天，团队先期考察后，描述的情景令我印象深刻。村庄很小，但是村民有很强的幸福感，脸上满是笑容与热情，菜地一块块的，篱笆整整齐齐。因为阜平的美丽乡村建设，是比较彻底的乡建项目，项目涉及范围比较广，所以我们希望首先有一个能够寄托乡愁的工作站。

阜平乡建项目的任务非常重，在村庄的提升改造、搬迁整合上，都涉及具体的改造功能和要求，因此做出示范就显得非常迫切。原本希望村民能够自发地做一些示范，但是犹豫与观望的村民占主体。为了争取时间，尽快提升改造村庄的空间和面貌，我们决定自己建一个工作站，为村民做示范。

通过镇政府和村委会的帮助，我们找到两户愿意合作的人家。

选择这两户人家是有一定道理的，一户是近几十年新建的、比较典型的四合院；另一户是排房形式，一排三开间，并列两排，其中一排属于河北传统民居。

四合院式的这户人家，从风水来说，居住空间并不是很理想。中国的地理环境决定，南面采光比较好，房屋一般都是坐北朝南，但这户四合院是坐东朝西的，阳光从侧面照射。另外，四合院最大的特点是，内部空间方方正正、规矩工整，灵动、曲折等能够体现空间概念的手法比较难实现，想求新、求变就很困难。所以，如何在小空间里设计出一个"活变"的空间，确实具有挑战性。

房屋之间的走动要经过室外，当地气候冬季寒冷，零下二三十摄氏度的气温，如果从正房到厢房，就要一溜小跑。因此使用连廊将正房和东西厢房三个空间全部串联，然后再通过一个小天井，进入餐厅。整个空间除了"连"的处理之外，还有一点，就是让朝向不理想的空间也能得到充沛的阳光。正房和东西厢房连接处留有天井，这样主房和辅房之间依然能有阳光照射；连廊采用荆条做顶，阳光可以透进来。

01

02

01
吊灯
02
顶部细节
03
平面规划图

03

所谓情感，情是由过去的经历产生的，不是新东西。要塑造出有情感的空间，只靠空间关系是很难实现的。因此，老物件在空间中的作用非常重要。

这里的老物件包括两种，一种是当地材料，另一种是旧器具。我们选择当地传统民居常用的木头、石头、砖头、泥巴等材料。木头，主要使用老榆木；石头，河沟里到处都是；青砖、红砖也都有；泥巴就地取土制做。我们特别希望使用旧砖，旧砖的历史感是新砖不可取代的。"仁者乐山，智者乐水。"中国人不能离开水，在有条件的情况下，需要有水来陪伴。所以在院子井台边，做了一个小池塘。另外，我们重新创作布置了一些旧器具，有用当地荆条编织的灯罩、鸡笼改造而成的落地灯、70多岁的老太太用旧布条手工编织的坐垫，还有老石拼图、老榆木家具、旧木地板以及从村民家里收集的老陶罐、老水缸等。这些老物件，经过些许的布置，获得了出乎意料的效果。

这个由砖头、木头、石头、泥巴构成的小院，从建设到落成过程中，无论城里人、乡下人还是老少妇孺，来到这个空间，都会表现出莫名的激动。一些外村村民专程来参观，改造形式受到广泛赞赏。这确实达到了预想的结果，实现了设计的初衷——情感，

留住乡愁的情感。

设计每一个节点时都在考虑，如何发挥材质本来的质地特点。如果将本来的质地涂抹掉，情感就没了。有了情感，有了对传统的尊重和热爱，自然就会打动人，不需要刻意做。

另一户人家稍微简单一些，有一个开敞式的大院子。也许由于在这里生活了几十年的缘故，有些地方不能满足需求，原来的户主希望改动大一些。但是这个院子中的其中一排房子是典型的河北传统民居，所以我们几乎没有改动建筑，只是改变了功能，原来的老门窗改成纱窗，使用了中空玻璃和墙体保温材料，采用地暖。利用建筑后墙与山崖之间一米的空间，加建了两个卫生间，使每个房间拥有独立的卫浴空间，成为小小的单元。

民宿改造，有一个非常重要的概念，就是建筑要像从地底下长出来似的。我们曾经到河北、河南考察，希望能够领略当地的民情、民风，但多是失望大于想象。农村普及所谓的城镇化建设，推掉很多传统的建筑，改成完全是实用性的供人居住的房屋，失去了文化内涵。民宿失去了地方特色，失去了文化诉求，注定是失败的。如果文化都丢失消亡了，再想恢复会非常困难。

品 鉴
Appraisal

对谈

ASK
THE
DESIGNER

宋微建： 开始接触这个建筑改造时，我感到非常棘手。一方面怕改造太多，失去原汁原味，另一方面又怕改造太少，不能体现出设计感觉。设计时，调整了建筑的结构关系，降低了围墙。墙外的竹子有些是原来的，有些是后来加种的。

余平： 院墙边上放的木杆，是你的一个创意？

宋微建： 对。这是农户真实的样子，很漂亮但又并不是城市的感觉，这是我的设计初衷。进门是门厅，然后是正房和厢房，这里冬季气温零下20多摄氏度，考虑到御寒，因此加了一条连廊，将这些房子连起来，提高室内空间的温度。院子保持原貌，挖了一个水池，石桌石凳采用当地出产的步云石，希望更加协调。

整个空间几乎没有什么装饰，没有射灯和吊灯，农民藤条编的篓子加上灯泡，成为原创的造型照明。采用长窗，加强采光、通风，天气热的时候，长窗全部打开，就像一把伞，只是多了几根柱子，好像是隔了其实又没隔，这是中国的一大特色。

温少安： 长窗的木质框架是烤过的吗？

宋微建： 是酸洗的。烤的太难看了，酸洗是化学处理，和烤的原理一样，希望有真实的痕迹。

余平： 这里安装了冷风空调？

宋微建： 取暖是地暖，当地政府提供设备，不用烧煤。

余平： 地板也是政府提供的？

宋微建： 不是。我们的一个设计理念是：从外面进来，不要有任何拘束，比如怕弄脏地面。外面地上都是沙土，不适合用地砖地毯，所以我们用旧的实木做地板。

余平： 柜子是当地的？清洗了一下？

宋微建： 对，是脱漆的，体现出地域性。

温少安： 墙上的图片展现的是整个设计过程？

宋微建： 对。体现出旧貌和改造过程，以及空间关系的梳理和转换。

余平： 每个房间都能照到太阳，很明亮。

01

02

03

04

宋微建： 我发现床头柜只是临时放点小东西，很多时候没有太大用处，因此就放两个板凳代替。床是村民自己制作的，分隔开是两个单人床，合并就是双人床。

温少安： 卫生间有采光，洁具都很不错。

宋微建： 对。卫生间不能含糊，要最干净。正房和右侧厢房之间是个小天井，完全与自然融合。原来的车库改为多功能厅，可以就餐喝茶，里面有卫生间和两个小包厢。

余平： 这是宅基地的位置？

宋微建： 对，这个宅基地不能有任何变动。

温少安： 长窗的玻璃是双层的吗？

宋微建： 双层的中空玻璃，隔音隔热，框架材料全部是实木。

余平： 乡村建筑最大的弊病就是通风采光差，这里避免了这个问题。

宋微建： 我们就是要让农民看得懂，原来的结构没有改动，老祖先的房子现在依然很时髦，他们会感到很自豪。

温少安： 是让每一户都一样吗？

宋微建： 不是。每户都不一样，这也是一种理念。

张万昆： 从院外看，墙上的几个小窗并不突跳，比较协调。

宋微建： 这里面是卫生间，所以设计成高高的小窗。做乡建首先要和农民接触，多看传统的民居建筑，了解他们忌讳的和主张的东西，不需模仿，可以自由设计。

王跃： 房顶很厚实，差不多有 30 厘米。

宋微建： 是。因为保温的要求，墙体和房顶全部加厚，内部构造很复杂，共有五六层。

余平： 这里还保留着炕，是民宿吗？

宋微建： 是真正的老炕，可以从外面烧热，设了隔断，这边可以会客，卫生间是加建的。

余平： 这间是原来的房子？

宋微建： 原来老的基本上没动。这一排共有五间客房，旁边有处理污水的水池。

余平： 墙面还保留建造的痕迹，设计特别好。这是干了一半叫停的？

宋微建： 对，这和传统造型设计概念不一样，不把过去抹掉，要呈现出来，因此留下点痕迹。设计完老少男女都喜欢，这也是我感觉最欣慰的。

余平： 你把建筑原墙贴的瓷砖砸了？

宋微建： 对。

余平： 老百姓特别喜欢贴瓷砖，尤其是农村，认为贴瓷片就是城市化就是进步。家里的地面贴玻化瓷砖，亮晶晶的，但是脚上总带泥，贴上瓷砖以后，房子并没有干净一天，设计师进来的第一件事就是砸瓷砖。

01

02

03

04

05

宋微建： 一旦进入乡建，会让中国设计师找回自信。

温少安： 但是很多设计师没有这种精力。

宋微建： 所以要有吸引力，要有自信。有的设计师很悲观或者崇洋媚外，做的东西老百姓不喜欢，自己也不喜欢。建筑设计师到村庄看见的就是危房和新房，简单地一刀切；而在室内设计师来看，乡村建筑分传统建筑和当代建筑，当代建筑可以扒掉，传统建筑一定要保留。建筑设计师和室内设计师看建筑的角度完全不同，不是水平问题，而是理念和文化上的偏差。

村庄建设首先看水脉、山体，实际上，自然村庄的形成都是水开出来的，长时间流水的作用形成痕迹，建筑一定是顺势而建，这是真的风水。但是一些设计院根本不考虑地势，直接铲平，规划成豆腐块，重新建成所谓理想中的西式乡村版建筑，因为他们接受的教育就是这样的。

我们每个人不能缺少对中国文化的了解，农村还有活着的中国文化，不能视而不见，要把乡建这个问题讨论透彻，对设计师来说，这是千载难逢的机会。

我接触乡建始于汶川大地震后的村庄

援建，当时一位大学博士将村庄设计得像城市小区，和周边环境没有一点儿关系，农民不喜欢。我的设计很简单，先通过卫星图看村庄的聚落形式。四川建房都是顺着地形走，不分东南西北，建筑是任意的，几乎找不到两座相同的房子。我遵循这个概念做出设计，村民们看后非常激动，也说不出什么道理，反正就是喜欢。从那时起我开始做乡建。

温少安： 乡建工作特别有意义，但是用"乡建"这两个字描述这份工作，还不够精确，很多人并不能完全理解其含义，希望有一个更加精准的名词，能够表达这种工作的性质和意义。

01

02

03

04

05

老宋改造的房子，"痕迹感"特别强，我感到很亲切。从外部讲，改造后的房子和原来村中的房子长得很像。从内部空间讲，与原来的房子相比，各角度接受阳光和空气的变化更加到位。更关键的是，完善了很多原有建筑不具备的设施，例如高品质的灯具、家具、洁具等，室内设计师的强大功效和职业素养在这个项目中起到很大的作用。

这里既保留了原有空间的痕迹，还保留了原有生活方式的痕迹。水井和平台，令人感觉特别亲切，体现着几十年流传的原有的生活方式，可以继续感受那厚重的历史感。我们曾一起去国外参观，国外的一些乡村中还有 1000 多年的石头和老瓦，保留着原汁原味的传统，这值得我们反思。只有人才能达到这种精神的层面，很多时候是我们中国人看不清自己，看不到我们也有很多传统而亲切的东西。

余平：痕迹现在有一个更加精准的词叫踪迹，有踪迹学，我们设计师可以将它衍生成踪迹美学，例如尽量保留木头、芦苇等传统的材料，就是一种踪迹。实际上，踪迹形成了历史的脉络，是视觉可以直观看到的，不用语言描述。对于文化的理解不仅限于跳舞等表演类，文化是时间长河里的各种踪迹，那些对人有意义的、美好的事物，连起来就是最好的文化。

温少安：中国讲究多元包容，尤其是在建筑学中。但是我有一个疑惑，在中国能看到纯欧式、美式等国外的东西，但是在外国却见不到纯中国式的东西。难道中国的东西不好吗？还是只有中国人才能包容？

余平：这不是因为中国的包容性，而是中国人缺少自信，所以看别人的什么东西都觉得好。老宋建立这个工作站，就是要为官员和农民做一个示范，告诉大家一定要有自信。这些东西并不代表贫穷和不好，只要稍微捣腾一下，就会变成最好的，城里人和村民都会喜欢。乡建过程中，确实需要设计师花费很多心思与农民沟通，这是一件很复杂的事情。老宋不以说教的方式，而是摆出一个样板，让事实说话。设计师要有相当的勇气才可能这么做，所以我对老宋一向敬佩。他是设计师中的哲人，像江河上的破冰剂，一旦认准方向就会打碎，那种精准是很多设计师做不到的。

王跃：什么是真正的乡村改造？这个工作站的设计起到示范引领作用，官员和村民看到后知道，原来房子可以这样改建。目前，中国设计市场出现的重形式的不良趋势，设计师也有责任。有的设计师不顾及居住环境和生活方式是否适合人的生存，没有做很好的指引和榜样，而只是一味做很多形式上的东西。

这里的乡村建设，具备地暖、新风、卫生间通风口以及雨水收集等功能，完完整整地表述出城市建筑的最新技术。同时，卫生间、家具的细节处理都很好，能感到这里设计的自然状态，自由没有拘束，正是设计应该追求的状态。

政府一直推行建设新农村，希望城市的人以后回到老家，能够更好更舒适。这个改造项目的示范作用，会让大家看到一种自信力，就像宋老师所说的，要通过乡建找回中国本土设计师自己的东西。如果在我们生存的环境和土地上都找不到自信，那么设计出来的作品将会是扭曲的。在本土设计出有自信的作品，也就有了所谓的业绩。

张万昆：乡村建设的含义很广，这项工作是否可以称为再造乡村？乡村住宅原来的生活状态、生活空间有它的缺陷，设计要导入城市生活的舒适，把新技术材料和传统技术材料嫁接再利用并使之吻合。不只是改造一座建筑，还要改造或者再造生活状态。再造乡村是改变现有的乡村面貌，其含义一个是新，另一个是传统的再现再利用。这种改变是全方位的，只有在全方位的状态下，才能够真正达到我们所需要的目标和目的。

概括地讲，农民离开乡村到城市的原因有三种：第一，生活现状舒适度不足；第二，养老就医不方便；第三，教育资源不均衡、不对等。针对这三种状况，乡村建设就是做三项工作，将现代生活的舒适性、功能性和需求性带入乡村建设，让农村享受到城市生活的舒适便捷。未来可能很多城市人要回到农村，这批人一定是解决了医疗教育问题，身体也很好，城市钢筋水泥的高楼大厦无法解决精神思想的需要，希望寻找一片能够真正慰藉心灵的地方，满足这种需要就是未来农村的状态。

01

02

03

04

宋老师的这个项目，房子内部的功能既采用了新技术，也保留了传统老旧的材料，能够令居住者回归自然，解决了人的心灵慰藉和归属感，这是非常棒的。

耿华远：现在河北推出很多特色小镇，设计就是将一个有代表性的符号无限放大，例如当地的石头是红的，那么特色小镇就是红石小镇，所有的建筑都是红色的，同时建造一个庞大的游客中心，显得有些不伦不类的。其实无论是什么样的房子，之所以能站在那里，是有它的道理的，有它美的地方和值得留下来的东西。做改造项目，设计最大的魅力不是设计师能创造出美丽，而是尊重原有的建筑，留下一些痕迹。

农村的房子有很多美的地方，但是丑的地方也很明显。丑的地方主要体现在功能方面，北方乡建受技术材料等各方面的限制，最大的问题就在于通风采光。石家庄嶂石岩的老房子，将近20年没人居住，建筑表皮就像一位历经沧桑的老人，甚至都不忍心打掉它表面的灰尘，因为那代表着一种记忆，走过时间的美是最能打动人的。从设计角度来讲，留存这份记忆，是所有设计师都应该做的，是一项很有意义的工作。

从设计的角度理解，任何一个改造，都有目的性。当地农民改造的意愿为什么不是很主动？可能他们都有一个疑问，为什么要改？改完以后是什么样？我们做美丽乡村的时候，都涉及运营的问题，要有更好

的途径形成可持续发展，要不然的话可能就是做一个表皮。宋老师在规划上，是怎么让这条河沟长远存活下来？

宋微建：我毛遂自荐这个项目，内心里是很自信的。但是我也担心，现在市场的大部分设计师还是比较多地在搞造型、视觉艺术，设计出来的东西老百姓觉得并不美，这是一个巨大的反差，是设计师的问题。建筑业更严重，因为他们死记着规范，而乡村是没有规范的，有规范就没有自然村，自然村不是规划出来的。设计师到乡村要坚定信念，一定要尊重它，适应它，而不是反过来，这是一个原则，否则就是本末倒置。

同时要考虑到一点，随着社会进步必然的社会分工是，乡村要保留一定比例的农民继续务农，其余的要去城市生活。做乡建不能过头，全盘保留农耕文明也不恰当。要保护传统农耕、农作的农民生活方式，一部分城市人一定会向农村去，去农村不是为了一种职业，是为了一种生活方式。

如果农村建设一刀切，农村完全变成现代化农业，那么就会造成只有数量没有质量。应该保留一部分传统的农耕方式，农作物比较少，质量比较高，市场价格也高。未来的传统农耕是奢侈品，设计师要从这个角度介入。

我们进入农村，从一个被动的旁观者，慢慢学会一些雕虫小技，能够做点事，后来就越来越主动，因为在每个人的基因里，对土地、粮食这些东西有与生俱来的判断能力，清楚地知道什么是好，什么是坏。传统的乡村生态都是平衡的，不会产生垃圾。现代农业要测定土壤含磷、含氮等指标，但是种出来的粮食却不好吃。而农民认为，地里有鸟、蚯蚓、虫子，种出来的粮食一定是好的，就是这么简单。

我们不是农业专家，不会种田，如果农民问我种田的事情，我会让他去问他的爷爷，因为那是几千年代代流传下来的，能够流传到今天的，都是好东西。我们要从这个角度去判断自然村，而不是以村庄概念简单地判断。传统的村落格局是自然形成的，没有两栋完全相同的房子，所有的房子既有关联又不相同。

做乡建要融入文化，做纯天然真正传统的，才会如鱼得水，慢慢提高话语权。我最早接触的是自然农法，厚厚的一本《全息自然农法》，讲的是延绵千年的传统农耕，我们大部分设计师都看过。如果设计师不了解这些，只知道搞造型，那搞不出什么名堂。走进乡建，经过思考，慢慢就会有结论，就会了解农村本来该有的样子。就会慎重使用玻璃、不锈钢这些现代材料，尽量使用砖木石泥瓦等传统材料，建筑形式和功能也会自然而然地呈现出来。传统房子结构本身的合理就是一种美，这种美计算机是不懂的，只有人能懂，人一看到就会有反应，认为这是扎实的。

为了做乡建，我常去体验生活，有些著名的乡间客栈，其实是伪乡建，租

01　02

03　04

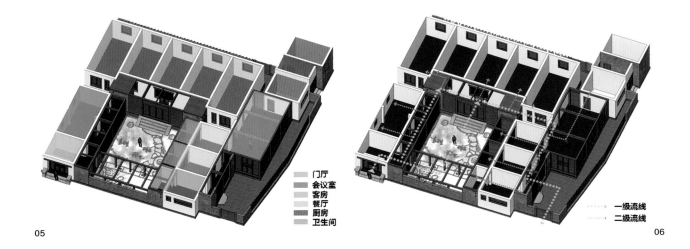

门厅
会议室
客房
餐厅
厨房
卫生间

一级流线
二级流线

05

06

了农民的房子改造，为了显示古老传统，家具全是老古董红木家具，红色的架子床，红色的老漆皮箱子，老得有些过分。老家具可以作为室内的点缀，但是还要与本质的生活方式具有适当的关联度。

余平： 你是在批评形式主义、教条主义。在乡建中，重形式、讲教条肯定会走大弯路。而且乡建过程中，当地政府肯定会或多或少考虑旅游的问题，因此最后可能成为毁坏原生态的设计。宋老师对此怎么看？

宋微建： 乡建需要旅游，但我们做乡建不是为了旅游，理念上要清晰。旅游从来不作为我们的主项，面对的也不是普通游客，我们希望只要这里有好的山水，不需要漂亮，水是干净的，空气是很新鲜的，没有污染的，能长出好的庄稼，这就是好地方。来的游客是城市有想法的人，需要一个清静的空间，而不是要去景区，这是我们的目标。

温少安： 什么才是美丽乡村？什么才是真正意义上的乡建？我们搞设计的人，需要

具备哪几个硬件条件才能做乡建呢？例如是要懂点农业，还是要了解农民的生活起居？当务之急是要把这项工作的意义、目的和优点整理出来。要有一个清晰的理论纲领、依据，这样以后再做这件事情的时候，就不会跑偏。

宋微建： 这个问题比较容易思考，但是做起来非常困难。我们自己出了一本《乡村设计案例》，只能做参考，因为这家是这样做的，但是另一家做的就不会完全一样。我们做乡建不谈改造，尤其是传统村落，我们没有能力去改造它。实际上，我们现在找不到一个更恰当的词来命名，乡建的首要任务是保护传统村落。

余平： 挑个毛病。这里的室内设计给人感觉非常好，但乡村的建设还要考虑回望的问题，注意建筑和自然环境的关系。从外面回望这个院落，屋顶上有设备管道和空调主机等工业化设施设备，与周边环境产生了冲突。

宋微建： 是的，后续我们会进行处理完善。

宋微建：
上海微建建筑空间设计有限公司创意总监
余平：
西安电子科技大学工业设计系教授
温少安：
佛山市温少安建筑装饰设计有限公司策略总监
王跃：
石家庄常宏建筑装饰工程有限公司总经理
张万昆：
中国建筑学会室内设计分会第二十三专委副秘书长、河北科技大学副教授
耿华远：
石家庄常宏建筑装饰工程有限公司华远设计工作室设计总监

余平：乡村建设要有正确的文化导向

乡建不等同于一般的室内设计，一般的室内设计只针对特定的业主解决问题。现在这样一个美丽乡村的建设，其意义是什么呢？它的业主是中国最广泛乡村的人群，而这又最终能够解决城市人群的问题。现在城市人在城里憋得慌，如果美丽乡村没有了，城里人挣的钱就没有意思，必须要保持城乡之间的平衡。

乡村建设，设计师应该始终站在对于中国传统文化坚定不移的角度，像老中医那样对乡村整体把脉，明确认识乡村的山水植被，水从哪里来，当地现有的可用资源是多少，哪些是需要我们补充的，要做哪几方面的改造等。

现在，有两种人到乡村做设计，一种是建筑师，另一种是室内设计师。建筑师习惯于首先判断建筑属于几级危房，定性以后确定是否将建筑推平重建。而室内设计师却认为，不管是不是危房，就是不能拆，同时还要进行正确的文化导向。

如果设计师面对一个自然村落会怎么对待？最重要的事情就是垃圾处理，接着是解决生活质量问题，包括采光、供暖、卫生方便等。设计师要平衡两个问题：一个是舒适性问题，另一个就是文化基因问题。

我在农村转了 20 来年，始终抱着学习的态度，我们要学习农民的意识，也要学习农民盖房子。乡村建设改造必须做得特别谦和，设计要融入景中，找不到设计师的影子。在传统村落乃至整个乡村建设中，应该限制瓷片、彩钢板、塑料等新材料的无限蔓延，只要堵住这些问题，就不必担心建筑的形式和外观。

大天井沟栈房的农道工作站，就是作为一个成果给所有人示范，给当地政府看，给村民看，也给我们设计师看。从各个角度看，每个人可能都有不同的认知。

01 02

03

04

阳光透过天窗倾泻，投射在每一片泛着油光的绿叶之上，洋溢着自然的生命气息，成为整个别墅中最写意的一笔，为空间增添浪漫轻柔的绚丽华彩。

Sunlight shines through the skylights, reflected on each bright green leaf, full of vibrancy, this becomes the most freehand stroke of the whole villa, adding romantic elegance to the interior space.

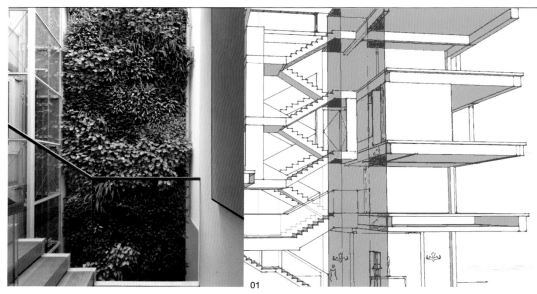

01

BEAUTY LIES IN "LESS IS MORE"

以少胜多的绚丽

深圳卓越维港别墅许宅

精
Featured
选

主创　李益中

设计

参与设计：范宜华 熊灿 黄剑锋 欧雪婷 孙彬 叶增辉 胡鹏

设计单位：深圳市都市上逸住宅设计有限公司

项目地址：深圳市南山区

项目名称：深圳卓越维港别墅许宅

项目面积：620平方米

主要材料：意大利木纹 胡桃木饰面 硬包 橡木地板 古铜不锈钢

01 楼梯
02 厨房

扫描二维码
观看案例详情

01

这是一套现代、时尚、生机勃勃的别墅居所，空间自由、气韵流动、光影绰约。别墅共有四层，还有地下室和屋顶花园，中间五层高的中庭是别墅的核心空间，各功能模块围绕中庭展开。为了解决内部竖向交通问题，除了保留原有的楼梯，还在中庭内加设了电梯，为中庭空间带来上上下下的动感。中庭内设置自上而下的垂直绿化墙，阳光透过天窗倾泻，投射在每一片泛着油光的绿叶之上，洋溢着自然的生命气息。绿意盎然成为空间中的视觉焦点，调节室内的空气质量，同时也成为整个别墅中最写意的一笔，为空间增添了浪漫轻柔的绚丽华彩。

一层的客餐厅和地下室的茶室影视厅是自由流动的共享空间，尺度亲切宜人，让好客的主人尽情释放，令客人感到宾至如归。二楼是健身房和主人书房，书房是开放式的，主人在这里接待关系亲近的朋友，欣赏音乐、喝茶聊天，将尊贵的客人奉为座上宾。三楼和四楼均为卧室，经由二楼的半私密性起居及待客空间与安静的寝卧空间区隔，各功能空间各得其所，富于层次。天台成为整栋别墅室内到室外的释放空间，可观星赏月望海听风，与家人朋友海阔天空。

别墅为了表现其豪华有价值，多使用繁复的设计陈设，令人目不暇接。这种"多"固然是一种美，但是本案设计时尚精致且不缺失自然，以形式的"少"营造空间的"多"，又何尝不是一种脱俗的气质之美！

02

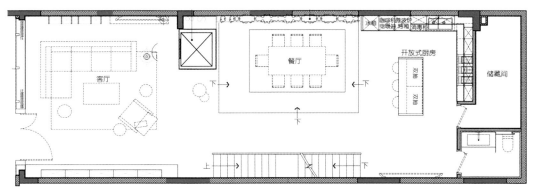

0   2.5   5m

03

04

05

卓越维港许宅装修设计笔记

业主许先生是潮汕籍人士，设计之前，已经有了一套设计方案，并开始了前期施工。但是他总觉得不够理想，希望我们能够给他带来惊喜。印象中的潮汕人都喜欢"那样"的设计，多年来，我们鲜有潮汕籍的客户，也担心许先生未必会喜欢现代的设计。但是他笑着说："我正是喜欢现代的东西。"看来，某些成见应该改变了。

现场勘察之后，发现要想创造一个宜居且有格调的空间，必须不破不立——改变原设计的格局布置。我们提出五点设计思路：天井加装玻璃顶棚成为室内空间；增加一部电梯，便捷垂直交通；以一层为核心，地下室和二层作为公共活动空间，三层、四层作为寝卧空间；引入垂直绿化；拓展地下室的室外空间，改善采光和通风条件。

对于我们的设计策略，许先生基本认可，除了最后一项。他想在户外做一个大鱼池，玻璃做池壁，在室内就可以看到鱼儿在水中游弋，因为曾经看到类似的做法，特别吸引他。我坚持的理由是：有一个具备自然通风和采光的地下室能充分地改善整个别墅的空气微循环，有利于居住者的健康。如果做鱼池，地下室根本不能自然通风，采光也差。最后，他接受了我的建议。完工之后，他说："你的坚持是对的，现在的地下室可以走出去，感觉特别好。"再次验证了那句话：设计师对于正确的事情必须有所坚持。

工程施工过半，许先生已经能感受到空间的美感，开始对未来的家产生更加美好的憧憬。基于对专业能力的认可以及在工作当中建立起的信任，他主动提出希望我们完成家居软装的采购和布置，最后成为一个纯粹的交钥匙工程。

效果出乎许先生的想象，他非常喜欢，入住后经常邀请朋友来家里做客，很享受朋友们艳羡的目光。同社区的邻居也经常来串门，惊叹原来同样的房子还可以设计得这样富有美感。

看到许先生对家的喜爱，我们也深有感触：做设计这么多年，真正的私人住宅设计客户并不多，基本是因朋友推荐偶尔为之，想来主要还是沟通成本太高，嫌麻烦。通过这些为数不多的私宅客户的反馈，我们也确实感受到一份美好的情感，他们会感激设计为生活带来的改变。每当看到客户享受我们的设计成果，感受到自己的价值，心里便充满了成就感。是的，我们可以通过创造性的劳动给那些真正热爱生活的人们带来完全不同的生活环境。

01
餐厅与中庭
02
茶空间陈设
03
地下室茶空间

01

02

03

对常规建筑和庭院都作为层来对待，在一个房屋联合体中进行分割、重组，各个功能空间由"木盒子"及"玻璃盒子"连接，形成灵动有趣的居住空间。

Treating the routine "buildings" and "courtyards" as layers, fragment and recombine the house units, each functional space is consist of "wood box" and "glass box", forming a lively and fun living space.

01

THE ZEN MASTER SPACE

禅意家空间

金华横店吴宅

01 灯饰
02~03 外观
04~05 楼梯间

精 Featured 选

设计 主创

刘猛 龚剑

项目名称：金华横店吴宅
项目地址：浙江省金华市横店
设计公司：是合设计研究室
参与设计："Steven Wu" 兰嘉炜 邵鹏程 王竞毅
建筑面积：500平方米
项目年份：2016年
摄影：龚剑

吴宅是包含建筑、景观、室内和陈设的全案设计项目，是合设计研究室通过探索"房子"的基本类型来认识项目。我们询问自己：如何才能突破平面的局限，使空间使用更合理、采光更亮堂？共享与私密如何联系，应该在何时通过何种方式保留必要的私密性？一个"家"必要和非必要功能的组成分别是什么，该如何定义家庭生活？

扫描二维码
观看案例详情

02

03

04

05

01

02

根据宅地所在位置和面积情况，从建筑体量、空间、色彩、光线等方面结合现代简约的设计语言，汲取东方元素，将建筑主体与两处庭院相互交融，实现公共空间单元与私密空间单元的合理有效分离。11扇整幅玻璃门，既划分了庭院与内部空间，又使内外空间得以交融。同样，建筑内部空间也"溢出"室外庭院中，使人与自然得以更近距离交流。玻璃门框内置柚木百叶，室内空间随着过滤的光线变化渲染出流动的光阴肌理。一层室外空间分布三个天井，为地下室内获得充足的自然采光。两个庭院各有一个玻璃天井，自动天窗开启后可满足室内外空气自然流通。餐厅旁和天井下方营造了三处颇有禅意的造景。

项目通过对吴宅的精心打造，实现对常规"建筑"和"庭院"概念的一次玩味，将两者都作为层来对待，在一个房屋联合体中进行分割、重组，形成灵动有趣的居住空间。室内空间设计以轴线体块分离，简化空间界面处理，各个功能空间由"木盒子"及"玻璃盒子"联结，内部与外部、室内与室外、空地和房屋、私人空间和公共空间的分界线经常是模糊的。由此，创造出一栋具有综合空间体验的房屋，对住所、环境、隐私和家庭的传统理解提出质疑。

01 地下室
02 庭院
03 庭院
04 平面图
05 地下室
06 地下室水吧区
地下室卧室

03

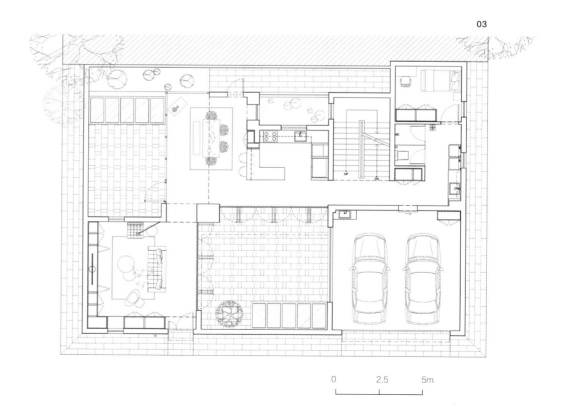

0   2.5   5m

04

05

06

南侧是云雾缭绕十分美丽的山谷，自然山景引入庭院；西南角一个无边界水池，倒映着四季美景；西侧墙体加高延伸至室内，建筑与周围环境相互映衬，自然地融合。

The south side is the beautiful valley where cloud forms and flows, natural scenery is part of the courtyard; at the southwest corner there is a pond with no boundaries, reflecting beautiful four-season; the wall on the west side is increased to the inside house, the building contrasts nicely with its surrounding environment, naturally becomes one.

01

WHERE THE CLOUD FLOWS
云生处
泰安农村宅基地改造

01 陈设细节
02 客厅

精
Featured
选

主创 设计

张建

项目名称：泰安农村宅基地改造
项目地址：泰山山脉
设计单位：围炉设计机构
参与设计：庄超 周萌
项目面积：200平方米
摄影：张建
主要材料：泰山砂岩 嘉祥青石板 曲柳原木 欧松板 橡木开放漆饰面板

本案地处泰山东部的半山腰，是由破旧的农村宅基地改造而成的项目。项目南侧是云雾缭绕十分美丽的山谷，空间设计的逻辑动机就是基于此。南侧围墙去掉，将自然山景引入庭院；西南角一个无边界水池，倒映着四季美景；西侧墙体加高延伸至室内，这里只能看到天空，看不到风景，唯一的取景框，就是方形的门洞。顶部采光方式解决了山区房子北侧采光差的弊端。

项目建造就地取材，墙体采用当地的砌筑方式，家具使用老旧木材和手工锻打的铜器。建筑与周围环境相互映衬，自然地融合。

扫描二维码
观看案例详情

01　02

01 卧室
02 就餐区
03 休息区
04 卧室
05 平面图

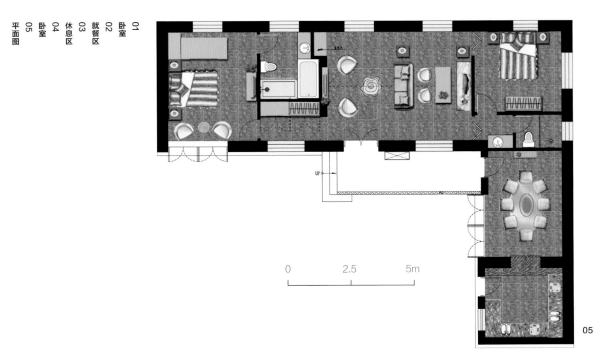

0   2.5   5m

05

融入明亮的色彩和活跃的线条，透过丰富的空间表情，呈现出生活的多元情绪。大量运用浓郁的波普艺术风格元素，在形式异化的同时带来动感的都市节奏。

Incorporating bright colors and lively lines, through rich space expression, to showcase life's diverse emotions. Applying huge amount of elements from pop arts, brings urban rhythm while transforming the mode.

POP ARTS, DYNAMIC LIFE
波普艺术　动感生活
天津中储南仓一期

精
Featured
选

主创　蔡智萍

设计

项目名称：天津中储南仓一期
项目地址：天津市北辰区
项目面积：89平方米

01　客厅细节
02　客厅
03　主卧室

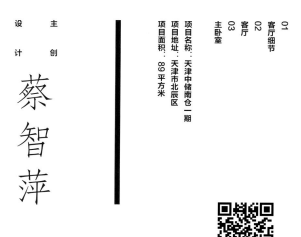

扫描二维码
观看案例详情

02

03

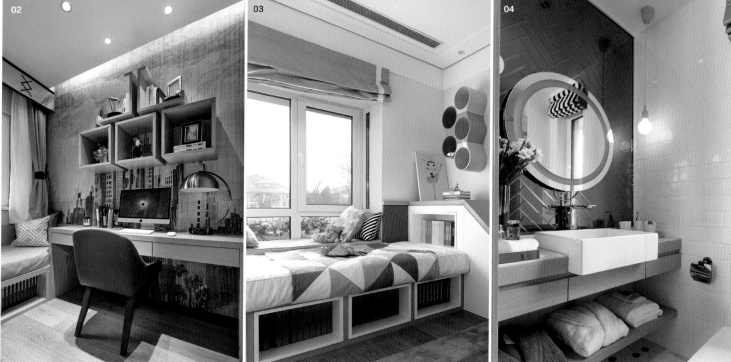

家是一个充满爱的地方，温暖、幸福、愉悦是家最珍贵的情感记忆。项目业主是一对即将步入婚姻殿堂的年轻舞蹈演员，与极简主义的单一感和冷酷感迥然不同，设计师融入明亮的色彩和活跃的线条，透过丰富的空间表情，呈现出生活的多元情绪，营造都市中的一家三口温馨愉悦的生活场景。

缥蓝和明黄作为色彩中的主角，成为宁静与热情的糅合体，给人亲切温暖的感受。地毯和墙壁中融入三角形的几何元素，公共区域里镜面反射手法的运用，使空间拥有饱满的视觉体验。

客厅中，一幅充满爵士色彩的绘画作品《雨中曲》，独特创意成为空间的点睛之笔。画中的男女在伞下，伴随着雨滴飞扬的节奏动情起舞，不由得联想起 20 世纪 60 年代热映的同名美国电影《Singing in the Rain》。那些曾在好莱坞上演的热烈青春和爱情，恍惚之间，时间和空间在此交错，传达着都市人对于年华、情感、时光的寄托，轻松惬意的空间符号，陪伴他们一起更好地感受和理解生活。

卧室和书房的墙壁，大量运用浓郁的波普艺术风格元素，时尚大胆、色彩鲜明的涂鸦，在形式异化的同时带来动感的都市节奏。在天津这个国际化港口城市里，波普艺术之中蕴含的洒脱情态焕发出崭新的时代精神，恰好与轻快而摩登的大环境完美地合而为一。

在这个 89 平方米的家中，原本三室两厅的格局略显局促，经过设计师的改造合并，布局豁然开阔，更加符合都市普通家庭的使用需求。定制家具大都轻盈纤细，落地时占用更小的空间；电视墙上方设计了造型简单的六排书架，并且隐藏边框，形成视觉的延伸感；书房和儿童房的床柜充分利用储藏空间。小空间，大作用，在设计的每一处细节中得到完美的呈现。

06

01 客厅
02–03 卧室
04 卫生间
05 平面图
06 就餐区

05

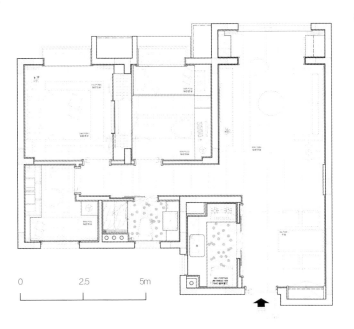

0 2.5 5m

上海特有的优雅与诗情，形成强烈的场所精神。曾经风花雪月的浪漫都城、不断融合的文化气质、永远怀旧的时尚经典，这一切构成意念中的上海，形成对空间诗意化的表达。

The elegant and poetic emotion unique to Shanghai forms strong spirits of the space. Once aromantic urban city, constantly incorporates cultural aura with forever nostalgic fashion classics, all of these constitute Shanghai conceptually, poetically expressing that space.

01

ROMANTIC CLASSICS
风花雪月的经典
上海新亚都城经典酒店

01 休息椅
02 咖啡厅

精
Featured
选

主创
设计

叶铮

项目名称：上海新亚都城经典酒店
项目地址：上海市天潼路
设计公司：HYID—上海泓叶室内设计咨询有限公司
项目面积：约 3 万平方米
主要材料：科定木 雅士白大理石 钛金不锈钢 仿云石 仿石涂料 装饰玻璃

该设计是改建工程，老建筑始建于 1932 年，由英国五和洋行设计建造。建筑采用钢筋混凝土框架结构，当时属于较为流行的现代派建筑设计，建筑立面与装饰手法，沿袭了 Art.Deco 风格。1994 年被立为上海一级保护建筑，曾经闻名遐迩的地标性场所，早已融入了申城人的记忆积淀之中。新亚酒店作为上海著名的老字号品牌，具有较强的历史人文积淀，地处市中心位置，定位为精品酒店，以适应融入城市发展与酒店选型的时代需求。

扫描二维码
观看案例详情

保护与回归

整体设计秉承历史保护原则，注入当下新的设计语言，使建筑保护与发展共融。依据现状，重点保护内容为建筑外观、塔楼、室内东、西两侧的消防楼梯及建筑花饰。着重修复外立面的装饰图案，梳理简洁的竖向构图，拆除之前底层外墙上的印度红花岗石，按原上海 20 世纪 30 年代的设计手法及工艺，恢复外观形象。室内部分主要拆除之前加建的一些夹层，回归原有室内空间的设计比例。

传统与当代

设计延续传统风格语言，借鉴 20 世纪二三十年代上海流行的装饰派艺术设计手法，追求垂直、纤细、高耸、富有节奏的造型韵律，进一步提炼简化 Art.Deco 经典图案，强调简洁有力的竖向线条构图。特别在酒店公共区域，如大堂的立柱、电梯厅的墙面、总台背景、咖啡厅的隔断以及大型工艺地毯、家具和灯具陈设等方面，充分体现出传统经典与当代语言的融合，使改建后的新亚酒店多元共生，汇东西方文化为一体，兼具传统图案与时尚元素为一身，营造意念中的上海形象。

一体化与整体性

酒店设计往往以室内设计为核心，是由内而外、由表及里，即由室内设计到建筑改建、由表皮设计到机电协调、从酒店战略定位到功能配置的全方位、一体化设计过程。因此，要求设计师具备较为全面综合的从业经验和跨专业的设计策划能力。整体性设计，反映出设计师的立场观念与专业修炼的深度。追求空间整体的和谐与相关性效果，追求整体中多要素间的匹配融合，进而创建出整体性的优雅场所，而非新奇惊艳的"创意"，抑或对某局部对象的执意表现。同时，凭借对形、

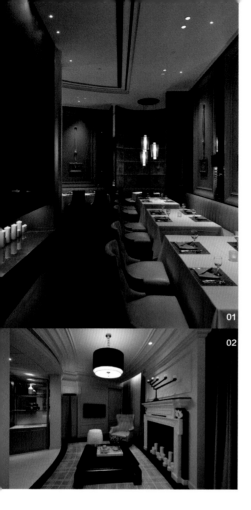

光、色、材等造型元素的深入理解，配置各元素间的比例控制与层次关系，协同推进，共同建构空间抽象关系。在此，形即色，色即形。因为空间本抽象，只是通过视觉元素得以具象显现，无论是光、色、材、形，最终都将化成空间。

地域性与诗意

设计的最终目标，是表现上海特有的优雅与诗情，形成强烈的场所精神。曾经风花雪月的浪漫都城、不断融合的文化气质、永远怀旧的时尚经典，这一切构成意念中的上海，形成对空间诗意化的表达。尤其首层大堂、咖啡厅、餐厅等，通过空间语言的重组，无声地创造出充盈在线条、图形、色调、光影、质感之中的场所灵魂，那种介乎于现实与记忆的重叠，仿佛隔世，又恍若梦境！

精简与复合

功能的高度精简是本酒店设计的又一主要立场，即功能使用率的最大化与工程投入最小化之间的平衡。首层大堂等公共区域，引用同一空间多重功能复合的设计概念，在同一视觉空间的范围内，充分复合咖啡吧、酒吧、餐饮、商务等各项常用功能，从而达到更为经济、便捷、畅达、灵活的共享使用，一改传统星级酒店追求的功能设施一应俱全又各自相对独立的模式。尽力避免可能成为闲置功能的布局安排，充分提升空间使用率，从而降低酒店的投入成本，形成高端设计体验与相对经济化酒店管理相结合的模式，追求精选后的有限高端体验，成就精品酒店的新概念。由此，设计在酒店成长中的比重日益加强！

功能重组与空间规划

设计依据精品酒店的市场定位，对酒店功能与空间布局做出较大调整。一层区域室内空间呈一字形串联延伸，主要功能为大堂入口、商务会议、接待休息、咖啡及餐饮、VIP 包间、会员小餐厅等。改建后的空间气势恢宏，沿街立面破墙开设落地窗户，空间内外互享，东西贯通一气，并采用装饰艺术风格的玻璃隔断，区分不同功能空间。采用统一的立柱与壁饰，具有表现力的地毯分区铺设，加上家具、灯具、艺术品等陈设的精心组合，使

首层室内既统一又具变化，营造高雅大气而又低调轻奢的空间氛围。彻底改动后场，置换原有沿街一侧所有的设备用房，充分满足酒店与街景的沟通互赏。辅楼增设立体车库，解决原酒店缺少停车位的难题。出租部分东侧转角处场地，增加投资收益率。

二层主要为客房，辅楼西侧安排酒店健身房及相关配套用房。南北两侧主楼与辅楼的天井处，原废置场地改建为空中景观花园，使主楼二至九层的客房拥有良好的窗景，这是本次改建的一处重点新增特色。三至七层全部为客房层，设有典雅温馨的各类房型。

从前期设计资料的研究中发现，最初的新亚有作为公寓楼使用的功能，因而房型结构的原始条件十分符合公寓要求。最终在八层区域的客房设计中，安排了新亚公寓房，配备相应的设施，满足长期住店顾客，使客人体验到家的舒适与酒店的专业服务，这又是本轮改建中的一个设计亮点。九层除东侧的公寓房外，主要功能为酒店宴会厅，布置了相应的前厅场地与充足的后场空间。

顶层本为建筑的屋面，前期现场考察之际，因其独特的地理位置与沪上人极为罕见的城市视角，决定增设顶层酒吧，旨在打开沪上又一处崭新的城市景观，让人充分领略从苏州河畔至黄浦江，乃至浦东陆家嘴全景式的壮丽风光。其视角可谓申城未曾谋面的城市新形象，尤其是夜色中浦江两岸璀璨的灯光照明，半露天半室内的酒吧设计，酒吧内部顶棚布满无以计数而又大小亮度不一的光纤点，构成夜幕中星光灿烂的效果，成为一处将新亚整体设计推向高潮的设计理念。但是，历经数年的设计施工，因某些因素，最终空中景观花园和顶层酒吧成为本轮改建的遗憾，未能实施完成。

03

04

05

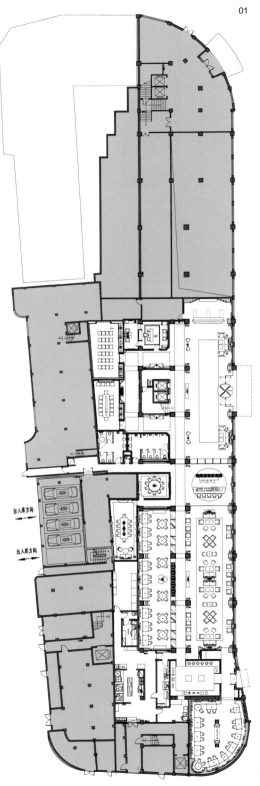

01

02

03

0　　5　　10m

04

05

01
平面图
02
入口大堂
03
就餐区
04
前厅走道
05
宴会厅

集萃 Collection

南昌龙隐山·悦墅

主创设计：冯晓光
项目地址：南昌市新建县空港新城
设计单位：南昌捷大装饰工程有限公司
参与设计：郑倩

南昌

北京海棠公社住宅

主创设计：韩文强
项目地址：北京市朝阳区
设计单位：建筑营设计工作室
参与设计：李云涛
项目面积：510 平方米
摄　　影：魔法便士

北京

台北自由平面住宅

主创设计：李智翔
项目地址：台北市
设计单位：水相设计
参与设计：陈凯伦 李柏樟
项目面积：726 平方米
摄　　影：岑修贤
主要材料：不锈钢 玻璃 莱姆石 白色大理石

台北

春暖花开
福州融侨外滩住宅

主创设计：朱林海
项目地址：福州市仓山区
设计单位：大成设计
主要材料：实木地板 仿古瓷砖 壁纸 彩色涂料

福州

丽水遂昌凯心新苑排屋住宅

主创设计：陈江
项目地址：丽水市遂昌县
参与设计：李玲
项目面积：360 平方米
主要材料：瓷砖 大理石 灰玻 马赛克 肌理墙纸 布料

丽水

洛阳建业美茵湖 9 号住宅

主创设计：陈书义
项目地址：洛阳市洛龙区王城大道美茵街
设计单位：米澜国际空间设计事务所
参与设计：张显婷 申双怡
项目面积：420 平方米

洛阳

杭州

杭州地中海别墅

主创设计：王益民
项目地址：杭州市钱江南岸
设计单位：饰百秀国际私邸定制
项目面积：1000 平方米
主要材料：实木 大理石

商丘

商丘弘盛王朝雅居住宅

主创设计：孙利民
项目地址：商丘市睢阳区
设计单位：静观堂设计顾问机构
主要材料：大理石

西安

西安芙蓉世家联排别墅

主创设计：吴开城
项目地址：西安市曲江金地芙蓉世家别墅
设计单位：深圳市凯诚装饰工程设计有限公司
主要材料：石材 实木

郑州

郑州天地湾别墅女性空间

主创设计：朱航乐

项目地址：郑州市惠济区

设计单位：SCD 墅创国际设计机构

参与设计：徐堃泰经航 黄德宇

项目面积：351 平方米

主要材料：大理石 实木 木饰面

上海

上海艺术工作者自宅

主创设计：周军

项目地址：上海市

设计单位：上海观介室内设计有限公司

参与设计：王延金

项目面积：360 平方米

主要材料：实木 水泥

成都

会呼吸的房子

成都华都·美林湾三居室

主创设计：叶荣伟

项目地址：成都市锦江区

设计单位：叶荣伟设计事务所

参与设计：陈立涛

摄　影：窦强

项目面积：152 平方米

主要材料：木地板 硅藻泥 石材

郑州乐福国际复式住宅

主创设计：徐堃
项目地址：郑州市上街区
设计单位：SCD 墅创国际设计机构
参与设计：黄德宇 李宁馨 李柯蕊
项目面积：160 平方米
主要材料：乳胶漆 大理石 木纹砖 木饰面 哑光漆 麻布
硬包 复合地板

郑州

成都美式轻奢住宅

主创设计：宋夏
项目地址：成都市锦江区
设计单位：成都清羽设计
项目面积：110 平方米
主要材料：大理石 实木

成都

南京澈之居独栋别墅住宅

主创设计：方信原
项目地址：南京市
设计单位：玮奕国际设计
项目面积：740 平方米
摄　　影：JMS
主要材料：钢刷橡木皮 大理石 钢板 水泥涂料 石皮
毛丝面不锈钢 黑板漆 Pandomo 木地板 壁布

南京

丽水水镜佳苑时尚 · 沐语住宅

主创设计：叶永志
项目地址：丽水市云和县
设计单位：丽水黎水仁佳设计公司
项目面积：120 平方米
主要材料：原木 石材

丽水 _____

北京万科翡翠公园联排别墅样板间

主创设计：陈丹凌
项目地址：北京市昌平区
设计单位：上海 ARCHI 意 · 嘉丰设计机构
主要材料：木饰面 天然石材 玫瑰金属 布面硬包
实木复合地板

北京 _____

香港跑马地住宅

主创设计：卢曼子 林振华
项目地址：香港特别行政区湾仔区跑马地
设计单位：Lim + Lu 林子设计
项目面积：111 平方米
摄　　影：Nirut Benjabanpot

香港 _____

武汉孩子的时光童装专卖店

主创设计：刘恺
项目地址：武汉市
设计单位：RIGI 睿集设计
项目面积：450 平方米
摄　　影：平玥

武汉

武汉 HORSSENS 浩燊高级定制会所

主创设计：余颢凌
项目地址：武汉市
设计单位：STUDIO.Y 余颢凌设计事务所
参与设计：谢莉
软装设计：杨超
项目面积：400 平方米
摄影：张骑麟
主要材料：石材 原木 布艺

武汉

北京 Lily Nails 美甲美睫（悠唐店）

主创设计：韩文强
项目地址：北京市朝阳区悠唐广场
设计单位：建筑营设计工作室
参与设计：宋慧中 黄涛
项目面积：66 平方米
摄　　影：金伟琦
主要材料：穿孔钢板 水泥漆 垂直绿化墙

北京

上海创 x 奕时装专卖店

主创设计：Christina Luk
项目地址：上海弈欧来购物村
设计单位：Lukstudio 芝作室
参与设计：Marcello Chiado Rana, Alba Beroiz
Blazquez
项目面积：150 平方米
摄影：Dirk Weiblen

上海

佛山 LP AUTO GALLERY

主创设计：何晓平 李星霖
项目地址：佛山市广佛智城
设计单位：C.DD| 尺道设计事务所
参与设计：蔡铁磊 余国能 吴孟龙 何柳微 曾湘茹
项目面积：750 平方米
摄　　影：欧阳云
主要材料：水泥 钢板 超白玻璃 哑白色乳胶漆

佛山

深圳观澜湖新城购物中心

主创设计：姜峰
项目地址：深圳市宝安区
设计单位：J&A 杰恩设计公司
主要材料：人造石 美耐板 加强纤维石膏板

深圳

成都

成都仁和春天国际花园住宅

主创设计：余颢凌
项目地址：成都市高新区锦晖西二街
设计单位：STUDIO.Y 余颢凌设计事务所
软装设计：刘芊妤
项目面积：260平方米
摄影：张骑麟

北京

北京密云云溪别墅 B1户型样板间

主创设计：郭艺葳 郭小雨
设计单位：HBA酒店设计公司／中合深美
项目地址：北京市密云水库旁
项目面积：500平方米
摄影：Cecil Beaton
主要材料：实木 瓷砖

杭州

杭州就试试衣间

主创设计：李想
项目地址：杭州市星光大道
设计单位：唯想国际
参与设计：刘欢 任丽娇 贾媛媛
项目面积：1850平方米
摄影：邵峰

丽水爷爷家青年旅社

主创设计：何崴

项目地址：丽水市松阳县四都乡平田村

设计单位：何崴工作室／三文建筑

参与设计：陈龙 李强 陈煌杰 卓俊榕

项目面积：270平方米

摄影：何崴 陈龙

丽水

济南

绿城·济南中心样板间

主创设计：姜峰

项目地址：济南市历下区

设计单位：J&A 杰恩设计公司

主要材料：绒布 水晶 香槟金不锈钢 陶瓷 凝栀琉璃

苏州

苏州太仓上海公馆法式样板间

主创设计：蔡智萍

项目地址：苏州市太仓十洲路

设计单位：Pin-Design 致品空间

项目面积：260平方米

主要材料：大理石 木饰面

研论

RESEARCH OF HOLISTIC REDEVELOPMENT DESIGN OF INDUSTRIAL BUILDING

上海生活垃圾科普馆厂房整体化改造设计研究

李越　　华建集团上海现代建筑装饰环境设计研究院有限公司

摘 要

上海生活垃圾科普馆改造从展馆策划入手，结合场地设计，把建筑改造、景观设计、室内及布展设计有机地整合起来，多专业一体化设计更好地贯穿了设计主题及可持续发展的设计理念。

关键词	KEY WORD
整体化设计 被动式节能 再生 反思 互动	holistic design, passive energy saving, reuse, retrospect, interactive

---

上海生活垃圾科普馆

策划背景

上海生活垃圾科普馆位于上海市浦东新区老港镇——老港固废综合利用基地，距市中心约 70 公里的东海之滨。老港固体废弃物综合利用基地是国内最大的生活垃圾处理园区，不仅承担了上海市 50% 以上的生活垃圾处理任务，并且聚集了多项生活垃圾资源化处理示范工程及重大科技成果。2009 年 11 月 2 日，上海市政府批准了《老港固体废弃物综合利用基地规划》，从而老港基地功能定位为：生活垃圾战略处置基地、生活垃圾最终处置场所、循环经济示范基地和环保实证教育基地。上海生活垃圾科普馆的建成将是建设老港环保实证教育基地里程碑式的关键环节，在老港建设科普馆不仅可以使参观者学习掌握相关环保知识，还可以结合老港基地工程现场，让市民直观体验、感受生活垃圾资源化对环境的贡献，更深刻反思人与自然之间和谐发展共生的关系。

随着中国城市 20 多年的高速发展，垃圾处理对城市造成了巨大压力，我们赖以生存的环境遭到严重破坏。上海生活垃圾科普馆旨在科普垃圾知识，教育市民，让人们深刻反思自己的日常行为习惯，建立"垃圾处理，人人有责"的社会认知。上海生活垃圾科普馆的设计以现代化、科技化、人性化为目标，以展示、教育、传播为目的，成为简述上海生活废弃物处置史、老港基地规划战略、生态科技成果展示、环保理念普及、倡导城市生态文明的一个平台和基地。

图 1 机修车间及场地现状　　图 2 机修车间及场地现状　　图 3 机修车间及场地现状

场地及厂房现状

上海生活垃圾科普馆建筑面积总计为 2136 平方米，包括：一幢单层两跨厂房（原机修车间），一侧层高 8.7 米，另一侧层高 3.5 ~ 4.7 米，建筑面积 1574 平方米；一幢单层单跨厂房（原小机修车间），层高 7.9 米，建筑面积 335 平方米；加上新增两栋楼之间的连廊，建筑面积 227 平方米。机修车间为双跨单层混凝土排架结构，是高低跨；小车间为单跨单层混凝土排架结构，预制混凝土柱，预制混凝土薄腹梁，预制大型混凝土槽型板。建筑改造设计将保留原有建筑的体量，保留原机修车间高低跨的外观，将现有室外破旧的雨篷拆除，用连廊将两幢建筑连接起来，改造成科普馆的主体建筑。改造设计首先是对现有建筑进行质量检测，对结构进行抗震检测及安全性复核。

设计主题及室外空间规划

我们承担了该项目从策划、设计到运营规划等一系列全过程、多专业集成的任务，包括建筑改造设计、建筑周边总体设计、景观设计及室内设计、展陈设计和标识设计等。

上海垃圾科普展示馆由主馆、附馆及连廊组成，主馆功能包括门厅、序厅、三个展示厅及尾厅，附馆内设计有一个容纳约 55 人的影视厅，纪念品销售展示区及线上线下互动区。

上海市生活垃圾科普馆总体设计以"再生"作为主题，并以此主题贯穿总体景观、建筑、室内及展陈设计的各方面。场地景观设计采用大量渗水性铺地材料，设置回收材料制作的雕塑。建筑改造设计保留了原建筑结构及体型，从被动式建筑设计着手考虑节能环保，针对展示建筑的特点，合理利用自然通风、采光和展陈设计巧妙结合的方式，建筑屋顶新增太阳能光伏板为科普馆提供所有照明用电。考虑到今后的上海生活垃圾科普馆主要人流以大中小学生团体为主，改造设计对人车流进行了重新组织，利用现有主入口道路南面停车场为大中型客车停车，团体人流以步行方式经过科普馆广场前道路来到场馆，室外步道的设置和回收物制作的展品将激发参观者的好奇心，为进入场馆参观做了铺垫。

景观设计方案延续了整体设计的再生理念，在功能分区、空间重构、交通引导、材料运用上，都紧紧围绕可回收再利用的生态设计原则。人行道路及广场的硬质铺装主要选用高透水性和高承载力的露骨料混凝土以及碎石（可直接选用建筑垃圾的石料颗粒）、环保透水砖、室外用防腐木地板等，场地排水尽量采取卵石带的明沟排水，铺装场地标高较低处设置收水井，通过排水管就近接入建筑雨水系统中。展馆周边的绿化主要分为大乔木和地被两个层次，场馆前的广场和两个展馆之间的过渡空间都保持通透干净的整体环境。保留展馆南面的几棵比较大的香樟树，增加一些色叶树种，减少中间层次的大灌木，让参观者的视线集中在展馆建筑上。

景观工程中尽量广泛采用可回收材料，利用拆除建筑中完好的预制板、砖块或钢筋，垃圾中回收的各种可再生产品等，进行拆解重组形成新的装饰材料，如钢铁废料重新组合的雕塑、轮胎堆积组成的花坛、玻璃制品镶嵌的景墙等多种方式。

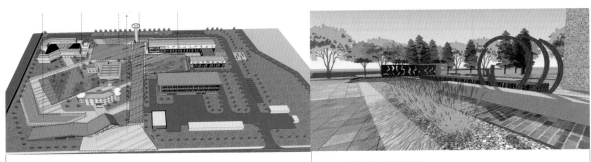

图 4　场地及景观改造　　　　　　　　　　　　　　　图 5　废旧物制作的景观雕塑小品

被动式节能设计及室内设计整体研究

按照科普馆的使用功能要求，外立面改造工程主要包括：重新设计立面开窗大小形式，按照节能设计规范标准增加外墙保温处理。设计重点强调了主入口的导向处理，主馆及附馆局部西侧外立面设置爬藤垂直绿化以减少西晒的影响，所有外墙门窗采用中空节能玻璃铝合金断桥门窗，并在南侧窗外增加金属百叶室外遮阳系统，以实现满足自然通风采光和节能设计的统一。

上海生活垃圾科普馆定位为集垃圾转运、技术交流、科普教育、宣传展示于一体的综合性体验馆，全面展示上海在城市生活垃圾管理运营中的新模式、新技术。建筑设计上保留建筑南向下部大面积的开窗，把阳光引入室内合理的区域。被动式绿色设计使得展馆在春秋季可以完全利用自然通风调节室内温度和湿度，从而节省大量的能耗。在室内及展示的设计中，我们合理地运用自然通风采光的绿色设计理念，根据建筑的各区域不同的照明要求，合理利用天然采光。照明采用分区控制的措施，展厅等区域采用智能照明控制系统，以实现根据自然光的变化自动调节和控制室内照明照度的功能，高照度要求的空间采用了环境照明和重点照明相结合的方式。

图 6　外立面　　　　　　　　　　　　　　　　　　　图 7　主副馆间连廊

布展设计亮点

科普馆聚焦最能反映上海市生活垃圾处理和资源化的科技方面内容，展示环境友好、人人参与的垃圾处理科技知识，全面提高公众科学文化素质和精神文明素养，为上海的生态、和谐、宜居城市建设而服务。各展厅内容根据空间和展览逻辑划分，包括以认知为主的科普教育区块和以唤醒行动为主的互动参与区块。观众按照动线穿梭于两个区块之间，由一个个应景的问题串联，引起自主的反思。展馆内部空间设计利用高低跨建筑的层高构筑空间，实现空间跨越、展示内容的递进关系。同时

图 8 门厅

图 9 垃圾分类展

结合展示手段和布局，使得展示空间合理地利用自然通风和自然采光。在高空间区域，设计了模拟日常生活场景及垃圾分类互动游戏，合理的自然光线使得参观者有更舒适、更真实化的体验。室内设计在保留老厂房风貌的同时，辅以丰富的展项设计，展示手段多种多样，包括多媒体影片、图文版面、互动翻板、互动拼图墙、数据量化类比、可视化图表、投影沙盘、实物展示、卫生填埋场剖面模型、生化处理工艺流程模型、多媒体沙盘模型，垃圾焚烧厂工艺流程结合多媒体视频及数据实时同步等。

展示重点突出垃圾处理"减量化、资源化、无害化"三大原则，立足垃圾科普教育，加强生态环保宣传，倡导绿色循环的现代生活方式，推动广大市民树立环保意识和适当消费观念。展示通过"新"与"旧"的冲击与微妙平衡，制造丰富有趣的参观体验。

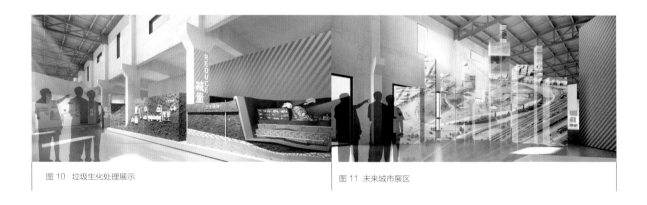

图 10 垃圾生化处理展示

图 11 未来城市展区

结语　　　　上海生活垃圾科普馆整体化改造设计从车流、人流抵达的路径到整体参观动线的组织，从室外总体景观到建筑整体改造、室内展陈设计都体现了以人为本、可持续发展的理念。通过建筑被动式绿色设计和节能改造，再生环保材料的利用，使得整体改造设计过程呼应了展馆的主题，对参观者起到了很好的教育示范作用。

THOUGHT

争鸣

执行编委：叶铮

随着人民生活水平的提高，家装设计市场持续升温，"梦想改造家"等家装改造节目在电视媒体中热播，设计在家庭环境功能与氛围的营造中起着重要作用。而对于家装设计的评判，是一个相对多极化与个人化相互作用的过程。

家装设计的评判与意义
●●●●●●●●●●●●●●

问题 1. 一些被设计师、某些媒体认为优秀的案例，在业主眼中却往往持否定态度，如此情况并非罕见。这样的家装设计算是好的设计吗？它的意义何在？

问题 2. 某些"梦想改造家"案例播出后，设计师的设计却被业主（居住者）按照自己的愿望改变，甚至被敲掉。发生这种情况，问题在于设计师还是业主？或者还有其他的因素？请阐述。

叶铮
Ye Zheng
中国建筑学会室内设计分会理事
HYID 泓叶设计
创始人

崔华峰
Cui Huafeng
中国建筑学会室内设计分会理事
广州崔华峰空间艺术设计顾问工作室
主持人

沈雷
Shen Lei
中国建筑学会室内设计分会理事
内建筑设计事务所
设计总监

叶铮：

我曾谢绝过"梦想改造家"的邀请，因为任凭其节目看似有多么为底层大众输送善意，以收视率为追求的动因，显然与此类选题不相适宜，也自然预埋了一系列的问题与冲突。恰如大量网评所言，选择这样的家庭，匹配界内名设计师，进而又是如此低廉的造价与免费的设计服务……这一切也许只能存在于电视媒体强大的背景下，在现实中几乎不具有可行性。而每当节目播出尾声，节目组好像最期待的，是业主对此感激的两行热泪，却不知误导了多少电视机前的老百姓！让他们不由自主地沉浸在这般梦想的意淫中，这是作为公共导向的媒体，对大众最大的暗伤。出现这种情况，是因为节目组本身追求的出发点有问题。

沈雷：

设计师做公益不易，我支持"创基金""梦想改造家"等以设计师为主体的社会活动，这代表的是设计师善良真诚的内心，过度解读都是"阴暗"的。

崔华峰：

这是个信息海量却缺乏体验的年代，生活被表象化了。媒体也不例外，"设计源于生活"成了一句口号。《梦想改造家》是档节目，不是设计，所以也就不太源于生活，与可观赏有关，播完了也就表演完了。我不反对这类节目，就好像 T 台服装秀一样：有追求、有想法、有勇气，敢表述、敢实践。秀散了，回到现实社会，商品还是商品，品牌仍是品牌，总是带来一点点的现实进步——如果把 T 台秀的东西直接搬到生活，那可是有很大的"秀险"的哟！其实"设计源于生活"后面还有一句——生活源于设计，再加一句——设计就是生活。

桑振宁：

一切不以业主需求为出发点的设计，都是耍流氓。被业主荒废的《梦想改造家》设计，我是看过的。从同行的角度来说，感觉扎心；从业主的角度来讲，感觉惋惜。《梦想改造家》和类似栏目，选择的案例都偏向社会底层最迫切希望改善居住条件的家庭，对于这些业主，心理上已经习惯于被各种物件填充，即便设计再多的储物空间，可能还是会被从街上捡来的物品堆满。郭德纲相声里说"不捡东西就算丢！"我觉得这里适用。一个还没准备好过精致生活，或者还没有条件把改造后的居所作为赏心悦目的新生活方式加以维护的人群，是这个节目除了为我们展现精巧设计案例之外，其背后引人深思的东西。不过，我欢迎和提倡这种高水平的设计改造节目，一方面提高了行业审美，另一方面体现了设计价值，至少可以纠正部分家装设计师跑偏的行业风气。说句题外话，我们公司以工程装修为主，每年也会做十几套家装设计，全都是所谓的免费服务。一套好的家装设计所花费的心思，不亚于普通几千平方米的公共工程装修，深为不易。全套硬装到软装下来，考验的是设计能力、技术解决能力、材料配饰积累，最重要的是沟通技巧。

邵健健：

挺好的话题，国内住宅设计是设计师与业主矛盾最突出的领域之一，国际主流的设计哲学和生活质量与国内国民审美和生活质量之间脱节太多。我国由于历史原因造成传统文化传承乏力，导致当前国民甚至精英阶层审美的缺失，人均生产力离发达国家还有不少差距，普通民众生活质量和消费理念仍较落后。即使文化传承没有空缺，也可能发展成类似于日本的乡村美学。《梦想改造家》节目改编自日本，原节目不像国内这么炫技，或许是国内收视率需要吧。正面的意义是对国民审美和生活态度有一定的引导作用，但也仅限于少数城市白领。目前的前沿设计多来自西方发达国家，不太符合国情，喜欢这个节目的多是追求国际大都市生活的白领小资和有这方面情结的人，这部分人是目前城市消费的主流。

宋微建：

有梦想不是坏事，起码还有期待，也不要责怪媒体和观众，作为专业媒体，《中国室内》不也在讨论不专业的话题吗？设计以为用，否则都是浮云。我也参加过类似的节目拍摄，但有约在先，收视率、经济回报不是我的诉求，我只关心一点，就是好用、主人欢喜。节目录制完成，主持人说："原来设计师也懂得生活啊，比我们自己想得周到太多了，我这房子死也不卖，就住到死了。"设计师的专业是实现梦想，而不是制造梦想。

孙华锋：

当今国内美学教育缺失，大众审美素质参差不齐，设计师、媒体和业主之间存在着巨大的差异是再正常不过的。设计师、媒体都认为好的案例不可一概而论，但是起码对未来的影响作用是积极的。没有这些业主不认可而设计师认可的案例，设计界一定是倒退的，对社会不负责任的。我就是《梦想改造家》的设计师，这个问题问得莫名其妙，基本上，参加《梦想改造家》的室内设计师首先是真心希望受到业主喜爱。在和业主、节目组沟通设计的过程中，我们比做自己家或者公司的单子还更加用心，并不存在节目组的特殊要求，起码我们的设计被业主视如珍宝。就算后来有些变动，也没什么奇怪的，时间和家里情况的改变，甚至社会原因导致业主改动，都是正常的。就是职业设计师设计自己的家，在使用中也不会一成不变，何况节目中大多数都是相对特殊的家庭和户型。

桑振宁
Sang Zhenning
中国建筑学会室内设计分会会员
博溥（北京）建筑工程顾问有限公司
副总经理

宋微建
Song Weijian
中国建筑学会室内设计分会副理事长
上海微建建筑空间设计有限公司
创意总监

邵健健
Shao Jianjian
上海应用技术大学环艺系室内设计
教研室教师

孙华锋
Sun Huafeng
中国建筑学会室内设计分会副理事长
河南鼎合建筑装饰设计工程有限公司
总经理、主设计师

李益中：

关于问题 1，我想先说一个著名的住宅设计——密斯·凡·德罗设计的范斯沃斯住宅。一个在建筑史上非常具有标志性的作品，却因为过于通透无法保证隐私而被业主诟病，设计师甚至被业主告上法庭。那么，范斯沃斯住宅到底算不算是好住宅呢？如果不是好住宅，为何载入建筑史，而且菲利普·约翰逊和贝聿铭都竞相模仿？好与坏应该是相对的，主要是站在哪个角度来看。范斯沃斯住宅再不好用也是经典，因为它开启了住宅的新 style。而有些住宅做得再舒适，也只是舒适而已，因为都是老调重弹，或者品相全无，没有美感。当然，如果能把舒适、品格、创新结合起来，那将是完美，只是完美的东西往往都欠缺个性。问题 2，除非设计完全听从业主的意志，成为业主的绘图员，否则设计师的设计一定会对业主的生活带来影响、干预或引导。如果这种干预出自一位好的设计师之手，有可能具有一定的积极意义，将引导客户尝试新的生活方式，提升审美情趣，甚至带给客户新的观念与思想。只是能否影响客户则是另外一个问题，客户不被影响而选择回归原来的生活，并不能说明设计就不好。当然，如果是不负责任的设计，那么这种干预可能将是消极的，会制造出许多别扭与不便。关于以上这两个问题，我保留一种开放的态度。我参加过《WOW 新家》的拍摄，我认为，那个改造是成功的，以一个设计师的专业及品位影响并改变了一对双胞胎姐妹对美好家居的认知和生活，观众都说，李老师好棒！

萧爱彬：

被设计师赞同和媒体认可的优秀案例，他们大都只看到的是图片资料，图片往往具有一定的欺骗性。准确地来说，优秀案例意味着应该是接受体验的，是全方位的恰如其分，不仅仅是画面好看。业主的评判也不是绝对的标准，有层次、认识、好恶的关系，对老百姓来说，实用、美观才是硬道理。

王春申：

我看过几个日本类似的节目，朴实、实用、接地气。设计师通常要求业主给出预算，严格按预算进行项目推进，而且业主必须一同参与设计甚至施工环节（可教育孩子如何节省成本，往往有全家齐动员的劳动场景，也突出了节目的主题）。整个过程始终把功能放在首位，与业主的背景和诉求紧密结合，审美情感上大都符合日本大众宁静淡雅的风格，没有矫饰的成分。最后虽有感人镜头，但更多的场景是家庭共建爱的场所。《梦想改造家》这类节目无非是各方各取所需心知肚明的秀而已，有的成为反面案例，有的案例不错，但从最终结果看，太不适合那个家庭，这是个矛盾。不过，给学生当作一般示例看看无妨，有图纸，有实际问题的处理，对他们有所帮助。真正热爱设计、具有独立思考能力的学生自会有判断。讲到消费，经济要发展，媒体就要引导消费，家装领域不能倡导琼楼玉宇，只能推出类似公益性质的节目。要了解上海百姓家庭的装潢情况，上链家二手房页面，有照片有视频，分类索引科学多样，很有统计学意义，完全可以据此搞一系列上海市家装设计比较研究之类的论文。

李益中
Li Yizhong
中国建筑学会室内设计分会理事
深圳市李益中空间设计有限公司
设计总监

王春申
Wang Chunshen
上海应用技术大学环艺系
讲师

萧爱彬
Xiao Aibin
中国建筑学会室内设计分会理事
上海萧视设计装饰有限公司（萧氏设计）
董事长、设计总监

沈雷
Shen Lei
中国建筑学会室内设计分会理事
内建筑设计事务所
设计总监

叶铮：

对家装设计的评判，即使是同一个人，如果站在不同的立场，得到的结论显然也会不尽相同。正如题中所言：这是一个相对多极化与个人化相互作用的过程。评价设计的好坏时，由于讨论的出发点不同，所持意见的背景各异，不会形成一个标准答案，因此争论是不会停歇的。对这些问题的讨论，其意义在于揭示不同层面的评判所导致的分歧的核心，这将对应一个十分清晰的构成。而面对家装设计，会产生多少不同层面的对抗，是一个有意义的话题。出现意见分歧并不是问题，若能理性认识不同层面对设计价值的追问，或许更具现实意义，通过讨论评判标准，来思考问题背后的问题。说起来都称为室内设计师，其实家装类与公共类设计师是两类同名异质的专业群体。虽然两者有相当程度的职业性重叠，但也仅限于技术操作及专业基础层面。因服务目标不同，这两类设计师处于不同的职业层面，且担负着不同的使命。

叶铮
Ye Zheng
中国建筑学会室内设计分会理事
HYID 泓叶设计
创始人

家装类设计，几乎不负有社会责任与历史使命。而公共类设计，则需面对社会责任，承担历史使命。所以，同样在设计中满足功能需求、解决现实问题，公共类设计师更倾向对社会文化风气的打造，对历史关怀与发展的担当。即便现实中与业主在一些观念上发生分歧，设计师也有坚守立场的道义责任。而如此使命是家装领域无需承载的，对于家装类设计师而言，无疑更倾向管家或保姆角色，其使命就是业主的满意度。如果将更多的设计追求植入家庭，对业主来说则过于奢侈，且不厚道，对于经济条件欠佳的家庭更是如此，某些对设计的过分追求则多少构成了对他们的伤害。所以，设计最好不要跃层服务，用小瓶装一缸水，是设计的心态出了问题。也许不少人会再次联想起柯布西耶的"萨沃伊别墅"设计，诚然，这作为柯布西耶建筑理想的大胆实验，对建筑史产生了极大影响，但对萨沃伊一家来讲是不人道的，萨沃伊成了建筑理想的殉葬品。柯布西耶用牺牲个体赢得了对建筑的推进，应该在两个不同层面上功过相抵。但是，现实中的多数家装设计师并不具备柯布西耶的历史性才华，而且面对的更不是相对富裕的萨沃伊般的业主，因此作出适合的设计是对每个家庭的尊重。对普通百姓而言，不需要过于追求设计表现，合理的空间梳理是设计的主要工作，做好设计保姆就可以称为有担当的家装设计师。切勿在家装设计中追求公共空间设计的理想，否则将导致家装设计师心态的异化。健康的设计生态环境，需要设计师、业主、媒体及社会价值观的共同作用。

部分公益改造项目
● ● ● ● ● ● ● ● ● ● ●

钢窗之美
改造前 / 改造后

项目地址：广州市
主创设计：李益中

李益中：

项目所在小区建于 20 世纪 90 年代，改造前屋内场景杂乱，简直不忍直视。但是看到具有特别时代记忆的老式钢窗和窗外堪比楼高的参天大树，不免令人怀念往日时光。古的木，钢的窗，绿色触手可及，光通过绿叶反射发出悦目的光谱，仿若有丝丝清凉，美得像一幅画。钢窗之美首先在于结构的比例之美，纤细、挺括，又有力量，是铝合金窗、木窗所无法表现的。其次，钢窗代表着某一种年代记忆，有手作的温度，是有生命的。新增加封闭阳台的钢窗，在大理的铁艺作坊里加工而成，原有的老式钢窗通过重新打磨、油漆、上胶，焕发了新的生命，和应着周边的绿树繁花，与室内清亮的场景形成对比，诉说着时空岁月的故事。只有保留了小房子的钢窗，才是一个真正完整的改造。

孙华锋：

本项目是一个四口之家，有限的居住面积限制了热爱拉丁舞姐妹俩的练舞空间；微胖的两人要共挤一张小床，没有私密空间；常常参加舞蹈演出却没有梳妆台，十分不便；狭小的卫生间仅能供一人自由活动。父亲视神经萎缩只有微弱光感，却坚持自主起居生活，裸露的电线、客厅墙面严重脱落、木地板腐朽起壳，种种隐患让家人时刻牵挂着父亲的安全。这栋典型的老旧公房改造面临层高、面积和预算均受限的挑战。改造后，女儿房与父母房对调，既是姐妹俩的房间又是多功能室。交错设计的高低床，使两人都拥有个人空间。折叠沙发和折叠镜既满足功能又节省空间。曾经的阳台改造成榻榻米，不仅有利于采光，同时也增加了家中休闲娱乐的场所。充分考虑父亲情况，进行一系列无障碍暖心设计。安装许多不同的灯，为依然能够感觉光线明暗变化的父亲提示其所在位置；按弹式储物柜、可计量的无障碍料理瓶、沐浴椅、电器加装智能语音助手等，为父亲提供方便的同时也增添生活乐趣。

处处受限的家
改造前 / 改造后

项目地址 / 河南平顶山
主创设计 / 孙华锋

西湖边上的家
改造前 / 改造后

项目地址 / 杭州市北山路
主创设计 / 沈雷

沈雷：

40 平方米的改造项目，旧貌新颜，中秋节前夜乔迁，与西湖近距离再次相处，其乐融融。开启、闭合、半透、半隐，料想佳节湖边定是游人如织，时间、空间如薄纱的容器，放舟湖上，水波不兴，抚今怀古。家人、友人相邀推杯的欢喜，愿夜夜晴好，推窗有月，解佳节的思亲之情。

琚宾：

该项目是一个四合院，面积 50 平方米，居住着一位摄影教授三代同堂的五口之家。多年的生活用品、过万胶卷和七八千本书籍，面临诸多改造难题：储物空间严重不足，缺乏晾晒空间，存在安全隐患，老人需要单独的休息空间，厨房排烟不畅、采光差，楼梯过于陡峭，屋顶过薄，冬冷夏热，阳台利用不充分……改造第一步，结构调整安全第一；改造第二步，"看不见的舒适"很重要；改造第三步，提高空间利用率并非要牺牲舒适度；改造第四步，多一些传统多一点回忆。改造后，摄影教授终于有了自己的书桌和个人休息空间，卫生间变得明亮通透，房间里有了可折叠的床，空间显得更宽阔，原来生活可以更精致。

胡同老屋新生
改造前 / 改造后

项目地址 / 北京市东城区东四
主创设计 / 琚宾

家居蓝
改造前 / 改造后

项目地址 / 杭州南山路
主创设计 / 宋微建

宋微建：

这是一个两室一厅一厨一卫，有一个两户合用的公共门厅的 52 平方米的居室，阳台堆满杂物，影响主卧采光；家具为 20 世纪 90 年代简易板式家具，并且多处损坏，电器大部分使用年限超过 10 年，存在安全隐患。根据房屋与主人的生活现状，提出收纳与释放的设计概念，分类集中收纳主人用品，做到条理化，以释放更多的活动空间。整个设计中贯穿一个理念，即自然的力量。以天然的材料为主，实木部分都是免漆的，保留有价值的原有老家具，加上一些手工的布艺，使空间有深度，很丰富。这个空间里一切都是为了实用，没有考虑视觉效果，主人看了以后非常满意，那就可以了。

CHINA
INTERIOR

2017
NO.118

分享

SHARE

在人间的狮子洞

文 琚宾

狮子洞的建设过程，与其说是宗教的，不如说是志士的、智慧的修行。狮子洞的经历，是观照世界的过程，是感知身边事物、美好景致的收获，是见识人心、感激所遇一切的境界提升。

LION'S DEN ON EARTH

2011年，第一次去九华山狮子洞，登至前山山顶，又翻过后山，一路上上下下，行行复行行，居然半丝累也没觉察到。那时的狮子洞外路未全通，内外唯一的灯泡直接连着电线，孤零零地在上空悬着当装饰，手机信号全无。

我时常会怀疑那时在狮子洞待了许久，否则不能解释为何记得那么多细节。记得四点多便睡足了的精神，记得当时耀缘师傅自己种的菜的滋味，记得暗暗的楼梯和外墙上的斑驳，我甚至记得茶叶在玻璃杯里的浮动姿态和外面竹子做的水管接口处渗出水的冰凉温度……那年我们一起看山看石看太阳，坐在小货车的后面看山下的路崎岖、半腰的茶树荒凉，时间很慢，空气极好，想着，空了留在这儿也挺不错。

初闻狮子洞风波，大概在两三年前，几经波折，又似平息。但其实只是耀缘师傅以一己之力承担不

说罢了。不料想，愈演愈烈，对方手段不堪与外道。

狮子洞的建设情况，因着得缘一直参与，也算很是清楚。一块块铺就的石板和新修禅舍的砖瓦间，装着的，是人世间向善的风景与主事人耀缘师傅宏大的心境魄力。这几年，狮子洞下刚刚发展起来的茶山里，一包包师傅本人与义工居士们亲手采摘、包装的新茶中，更是有当地淳朴村民的真情与九华山那一方水土的风貌……如果仅仅是简单的一句中止，那对耀缘师傅的心血、对我们一众有缘人若干年参与的愿心来说，将会是何等的辜负。

功德在"行"，不空言凭信，若与失行者谈信，狮子洞古刹仅仅是一"地方"，而不复为一教化、凝聚向善愿心之所。这两年至今未休的纷争，将狮子洞从山上拉回到了人世间，而在人间，本来就可对应到诸佛天地、六道轮回。在我看来，狮子洞的建设过程，与其说是宗教的，不如说是志士的、

智慧的修行。之前的种种"未争"，是对诸佛菩萨的谦逊，是对宗教、对文明以及对前辈的谦逊。狮子洞的经历，是观照世界的过程，是感知身边事物、美好景致的收获，是见识人心、感激所遇一切的境界提升。

修行者不能有纠结的价值判断、道德判断。以佛家之语言之：世间事，本无对错，皆因因果。耀缘师傅对待狮子洞风波一事的不言之教，让我大概明白了"观自在"的"自在"，是于内而求，世间事（包括我所从事的设计乃至整个学术界）并无高低之分，只有所处阶段不同、境界不同。而心性、气魄不同，内心所得洁净丰饶便不同。

这些年我一直盼望着，能和全家人一道在修好的狮子洞精舍里，住上一住。

CONTINUATION OF THE RURAL LIFE-MY VILLAGE BUILDS PRACTICE 2

图文　孔祥伟

乡土生命的延续——我的乡村营造实践（二）

朱家林开启了村落复兴之路。提出新的乡土理念：保留历史记忆，运用现代乡土的理念，植入新的功能。把设计变为营造，设计师住到村子里，在自然和田园中从事设计，也是一种设计方式的探索。

01

在沂蒙山区，沂南县的深处，诸葛亮的故乡，也是沂蒙红嫂的诞生地，有一个小村子叫做朱家林。这是一个遗落在大山怀抱中的古村落，曾经的桃花源却随着城市化的进程逐渐衰落，原先 300 多人的村子还有 100 多人，部分老房子已经空置，有些甚至坍塌成为废墟。

2016 年，这个村子经历了一个变化，由青年创客发起的乡村共建共享，走进了这个村子，开启了村落复兴之路。我和观筑设计团队住进了这个村子，开始了一场变设计为营造的实践。

如何使这个日趋衰落的村子从空间上得以新生？又如何能保留乡土记忆，符合现代的功能需求？由此提出新的乡土理念：保留历史记忆，运用现代乡土的理念，植入新的功能。

首期更新的区域位于村子的核心，由社区服务中心、美术馆、乡村生活美学馆、餐厅、咖啡厅以及民宿区构成。其中，中心街、乡村生活美学馆及三个民宿院落已经完成。

在村子正中心，建成一座新的建筑，叫做乡村生活美学馆，这是全国第一座以乡村美学为主题的美学馆。这里原为村子的活动场地，经过硬化，铺满红色的广场砖，与村子的风貌很不协调。

在场地中建造美学馆，并保留广场，建筑就采用村子里盖房子用的石灰岩，形体就用一个长方盒子，嵌入两侧老房子围合的空间中。材料选择上，内部使用清水混凝土，外部采用石灰岩片岩，既保证内部展览空间的纯粹性，又保证外部与老村子建筑风貌的统一。内部通过顶部采光和南立面采光两种方式，追求自然采光。顶部采光运用米字格，南立面采光则均匀布置天条窗。所有的外部石墙全部运用石灰岩片岩，长条窗的顶部过梁运用传统手工艺——石条过梁，由数块条石连成一线，托住上面的石墙。

建筑外墙厚 50 厘米，外立面加了很多长方洞，方洞和条窗尺度相同，进深 50 厘米。朱家林有很多鸟，希望未来这些洞成为鸟窝，所以从外面讲，也叫鸟窝建筑。

建筑形体简洁，但施工过程遇到很多挑战，内部清水混凝土是一次浇筑完成，由于工期紧张，原先预留的条形窗没有时间做模板，便运用后期水钻打眼的方式来实现。水钻打眼，形成一系列圆洞，原计划用切割机切平，但打完圆洞之后，室内却呈现出意外的效果。这些圆洞串起来，如同一串露珠，室外光线的照射下，非常神秘；而从室内看出去，这些圆洞，又形成很有趣的取景框。于是，就保留了这种效果，所以从建筑内部讲，叫做露珠建筑。

建筑模板拆除后，在四周基础的内部下挖过程中，发现了一组独立的巨石，顺势把石头清理出来，保留在建筑中，中间有一口水井，所以就形成了一个室内山水。

建筑砌墙都是由村子里的老石匠完成，石头进行适当的敲凿，保持立面的自然，也追求石头的咬合，特别是凹凸的建筑边线，追求精细和一致，建筑做工体现出沂蒙石匠的精湛技艺。建筑西侧的老房子被保留，南墙和西侧老房子的南墙平齐，建筑的高度经过控制，能够看到后面的山。

乡村生活美学馆前面的空地继续作为村民活动广场，建筑和前面的道路有 1.2 米的高差，利用高差，做了几组有雕塑感的台阶，台阶被放大，可以作为坐凳。台阶用预制混凝土板，约 400 块台阶，采用了 15 种规格。台阶具有很强的秩序感，也是村子里最有秩序感的一组元素，试图在有机的村落中，增加一种仪式性。建筑前部预留 6 米的台地，作为未来的舞台，广场也自然成为观众席。

乡村本来应该是"海绵"的，但在新农村建设的过程中，一是因为车行的需要，二是为了去掉泥巴路，村子里的道路全部硬化，村子的诗意荡然无存。现在，重新破除水泥路，改为步行路，恢复渗水功能。道路采用老石板结合石子铺装，不仅可以渗水，又满足下雨没有泥巴的需求。破碎的混凝土，重新用作铺地材料，中间留有缝隙，生长小草。

野草，遍布乡村的田间，因为和庄稼争肥，不受欢迎，往往被锄掉。但是一到秋天，地头的芒草和狼尾草白色的草穗在阳光下散发着光芒，也是别样的美。让野草回家，村子里广场周边、老院墙外部和道路两侧，栽植多年生的宿根草本植物蒲苇、芒草和狼尾草，用别样的美妆点生态的村落。

广场东侧的一个巷子，在去掉水泥路面恢复生态路面的过程中，挖出大量的石灰岩原石，与太湖石基本一致。于是，在这个基础上制作艺术装置，用废旧钢板焊接一个跌水池，嵌入原始石头的间隙中，谓之"青泉石上流"。又在石头的一侧栽植了蒲苇，蒲苇与石头正应了《孔雀东南飞》中的诗句"蒲苇韧如丝，磐石无转移"。

一期完成了三套民宿和观筑乡建工作室。织布主题

07 08 09 10 11 12

民宿,原为一栋破旧的院落,约建于20世纪90年代。老房子改为两间民宿,使用老木头保持朴素的风格。院子里加盖东西两间厢房,新砌的院墙和厢房采用老石头,部分空间使用 U 形玻璃,加以现代开窗,作为对比。

原村支书的居所是抹白的房子,空间较大,因此做成青年旅舍。青年旅舍保留白色的记忆,成为唯一的白房子。内部搭建两层,采用榻榻米床铺。屋顶做成花园,并与木作院相通。木作院原为一栋石头房子,保留了院墙,顶部采用了 U 形玻璃,大门做了更改,局部运用锈钢板。院中的主屋和西屋保留,主屋做了房中房的设计,南屋为木工作坊。院子里一棵大杏树,包进了房子里。

观筑乡建工作室,也是在一个废弃的院子里建成,主屋改造成工作室和宿舍。院子里加建了两层建筑,一楼为交流区和工作室,二楼为宿舍和画室。建筑采用旧石材,院子里保留了三棵树,一棵杏树,一棵楸树,一棵香椿,树长在房子里。

朱家林乡村实践,把设计变为营造,设计师住到村子里,在现场进行设计,全面参与施工过程,在施工中与村子里的工匠一同协作。同时,设计也与生活融为一体,在自然和田园中从事设计,也是一种设计方式的探索。**(本文作者为北京观筑景观规划设计院院长兼首席设计师)**

01

柏林爱乐乐团音乐厅以理性严谨的科学实验为大众创造了一座珍贵的交响乐厅，而柏林犹太人博物馆则通过感性空间氛围的营造，成功向大众传达犹太民族所遭受的苦难，两座建筑以不同的方式将建筑功能体现到极致。

理智与情感

THE SYMPHONY OF QUIETUDE AND BRIGHTNESS

图文 崔灿

建筑活动作为人类历史最为悠久的行为之一，在发展过程中，无论是古典主义的严肃拘谨还是洛可可的随性浮夸，现代主义的形式追随功能还是解构主义的叛逆与重构，理性与感性的表达一直纠缠着建筑师的灵魂中，在不同的历史发展阶段以不同的权重考量影响着建筑风格的发展与表达。通常状态下，理性指我们形成概念，进行判断、分析、综合、比较、推理、计算等方面的能力，其本质就是否定与怀疑。而感性却与之相反，在处理事情的过程中，更遵从自己的意识，也就是习惯于从心所想出发，不会更多地考虑客观条件，其重点在于内心情感的选择性和表达性。

02

德国历史上出现过很多哲学流派，德意志民族也被称为"哲学的民族"，理性与感性的对立和统一一直都伴随着德国哲学的发展。此次德国之行，柏林是其中重要的一站，灿烂悠久的艺术文化与特殊的二战轴心国背景形成一种错综复杂的人文情感。战后的柏林公共建筑中，以艺术文化建筑与战争历史建筑最具特点。其中最有代表性的莫过于柏林爱乐乐团音乐厅和柏林犹太人纪念馆，优秀的建筑空间表达及室内设计，给建筑受众带来了不同的空间体验。

03

理性之光——柏林爱乐乐团音乐厅

柏林爱乐音乐厅为柏林爱乐乐团主音乐厅，由德国本土建筑师汉斯·夏隆 (Hans Scharoun) 在 1956 年的音乐厅竞赛中获得设计权。爱乐乐团音乐厅也是夏隆倡导的有机建筑的代表作，由于是德国人自己设计的杰出作品，所以也是深受德国人喜爱的建筑之一，在战后的德国现代建筑中占有非常重要的地位。建筑帐篷式的外观，反映了室内空间的变化，没有半点虚假造作。

灵活非对称的空间

主要音乐厅(Großer Saal)拥有2440个座位，管弦乐队演奏台并不处于观众厅的几何中心，而是类似露天剧场般由四周围绕。夏隆之所以这样设计，是通过实验得出的结论。在主音乐厅设计之前，他组织小型乐团在户外场地进行演奏，发现无论在哪里，听众总是自觉以演奏者为中心而形成360°环绕的组团。所以他认为，这种环绕的音乐厅模式是符合听众需求以及行为学的排布方式。灵活的非对称的空间组织使得2440个座位的音乐厅中近90%的坐席位于乐队前侧，其中，在乐坛两侧有近500个座位如葡萄园台地般排列着。听众席分为一小块一小块"畦田"似的小区，用矮墙分开，高低错落，方向不一，但都朝向位于大厅中间的演奏区。由于化整为零，一般大型观众厅中常有的宏大尺度被化解，确实呈现出亲切、随和、轻松、细巧、潇洒的气氛。所有的座席离乐坛的距离均在35米之内，从而最大限度地使观众较好地欣赏指挥和乐队的演奏。

处处可见演奏台

在主音乐厅的八个角落同时设置了临时的演奏台（Stehplätze），当演出需要时，这八个演奏台将由乐团为听众演奏真实的立体环绕音。而这八个演奏台的位置并不是对称且有规律的排布，而是在现场施工过程中，不断由乐团在现场进行演奏实验，通过人工及设备分析所在位置的听觉效果得出大量的实验数据，根据这些数据所计算得出最佳的位置。在演奏台的上方分布了一些弧形的反射板和录音的悬挂麦克风以及在音乐厅顶部的三角凸起造型，均是通过严格的现场试验和大量的数据分析所得出的结论，将主交响乐厅的演奏效果发挥到极致，无不体现出德国民族严谨认真的理性思维。著名指挥家卡拉扬曾经高度评价该乐厅："在我熟悉的音乐厅中没有一个像该设计这样把观众席安排得如此理想。"

04　05

06　07

01
主音乐厅
02
主音乐厅
吊顶特写
03
音乐厅舞台
04
入口

05
建筑整体
外观
06
入口门厅
07
咨询台

01

感性之殇——柏林犹太人博物馆

该博物馆设计时代背景为第二次世界大战之后，德国对历史的态度，从未停止对历史的反省，使德国人、法国人甚至整个欧洲的人民都感到轻松和安全。为了表示"勿忘历史"的决心，德国还为犹太人修建了一座大屠杀纪念馆。2005 年 12 月 15 日，柏林犹太人纪念馆最终落成。由建筑师丹尼尔·里伯斯金（D.Libeskind）设计。由于里伯斯金自己就是犹太人，早年也有身陷集中营的悲惨经历，所以博物馆可以称得上是"浓缩着生命痛苦和烦恼的稀世作品"。作为里伯斯金解构主义建筑的代表作，反复连续的锐角曲折，幅宽被强制压缩的长方体建筑，像具有生命一样满腹痛苦表情，蕴藏着不满和反抗的危机。

02

折叠痛苦 凝滞空白

博物馆外墙以镀锌铁皮构成不规则的形状，带有棱角尖的透光缝，由表及里，所有的线条、面和空间都是破碎不规则的，人一走进去，便不由自主地被卷入一个扭曲的时空。馆内几乎找不到任何水平和垂直的结构，所有通道、墙壁、窗户都带有一定的角度，可以说没有一处是平直的。里伯斯金以此隐喻出犹太人在德国不同寻常的历史和所遭受的苦难，展品中虽然没有直观的犹太人遭受迫害的展品或场景，但馆内曲折的通道、沉重的色调和灯光无不给人以精神上的震撼和心灵上的撞击。

建筑平面呈曲折蜿蜒状，走势则极具爆炸性，墙体倾斜，就像是把"六角星"立体化后又破开的样子。建筑折叠多次、连贯的锯齿形平面线条被一组排列成直线的空白空间打断，航空俯视照片让人清楚地看到锯齿状的建筑平面和与之交切的、由空白空间组成的直线，这些空白空间代表了真空，不仅仅是在隐喻大屠杀中消失的不计其数的犹太生命，也意喻犹太人民及文化在德国和欧洲被摧残后留下的、永远无法消亡的空白。

05

03　04

06　07

铁门里的绝望"牢笼"

陈列着犹太人档案的展廊沿着像锯齿型的建筑展开下去，穿过展廊空空的、混凝土原色的建筑内部扭曲的空间没有任何装饰，只是从裂缝似的窗户和天窗透出模糊的光亮。墙面上的展柜采用一种黑色玻璃遮罩，在展品中央最为清晰，不透明的黑色玻璃向外扩散，靠近观察时，仿佛给人一种梦魇的感觉，寓意着这里所有的展品都经历过一段悲惨的噩梦。

在展览馆的尽头有一扇通往特殊展厅的沉重铁门，成年男子需要双手用力才能推开铁门进入展厅，进入之后这扇铁门会自动关闭。与其说是展厅不如将之形容为"牢笼"，三角形的平面空间搭配近 20 米的高度，全部没有一点照明。狭窄变异的空间、黑暗无光的环境、设备产生的隆隆噪声与冰冷的混凝土的回声交织在一起，形成一个令人极度不适的空间环境。在顶部的一条细缝中可以看到外部的光，象征着生的希望，而人们越靠近希望，两侧的墙面越是在不断变窄。当两侧的墙面收紧到无法通过的时候，才发现希望之光依然遥不可及，使人产生身临其境的绝望感。

柏林爱乐乐团音乐厅以理性严谨的科学实验为大众创造了一座珍贵的交响乐厅，而柏林犹太人博物馆则通过感性空间氛围的营造，成功向大众传达犹太民族所遭受的苦难，两座建筑以不同的方式将建筑功能体现到极致。德国严谨认真的民族性格和良好的历史态度，使得战后的德国建筑师在开明且多元化的社会环境中创作出更加优秀的建筑，取得了不朽的成就。（**本文作者为华建集团上海现代建筑装饰环境设计研究院有限公司室内院装饰四所设计师**）

LOOKING FOR THE ANCIENT, EXPLORING TODAY, TO TALK ABOUT FUTURE

寻古探今才以言及未来

寻古不仅出于"十九文房"小组成员的兴趣爱好，更是为了探今。我们要做的是寻找古典之美融入当下生活的方法，让大家认识到中国古人的生活智慧和来自高古的美。于是，我们把目光放到了日用器物的设计上。

01　02

文　周小元

"由于各种历史原因，中国当代设计存在审美等多方面的严重趋同，我们坚信解决和改变的答案在新一代年轻人身上。"出于这个信念，近年来艺术家葛非将自己长年积累的知识和经验传授给身边"90后"为主的年轻设计师们，领导"十九文房"设计师小组，希望传统的积淀和跳跃的思维能碰撞出不一样的火花。

追寻中国高古之美

这段追寻美的历程始于 2013 年，这一年我离开外企的工作，很幸运地参与了一个关于中国唐代家具研究和制作的项目，由此开始了对中国传统之美的学习。作为生于 20 世纪 80 年代

之后辈，我们常常对西方文艺潮流如数家珍，对中国古代文化艺术却是陌生的。我们会以弗洛伊德为时髦谈资，而视同治、光绪为古人，其实他们同属一个时代。

当我听说艺术家朋友葛非要为传说中的"洛阳天堂"（武则天礼佛的塔）设计家具和室内浮雕，我满怀好奇。这个项目的工作量巨大，室内设计图纸等身，每个角落都必须出图，需符合唐代皇家制式和艺术导带，同时满足现代人展示参观游览的使用要求。然而，这座历史著名的皇家建筑早在唐代就被烧毁，室内装饰、家具、用具全无典籍可寻，就连当年很多艺术和设计工作者对它的认识也仅仅来自刘德华主演的《狄仁杰之通天帝国》。

01
铸铁交足香炉
02~03
单层提梁盒收纳

随着项目的深入我了解到，唐代是特别鲜明有趣的朝代，社会的活跃和丰富与今日高度相似。从起居形态上看，高古时期全世界人类都以席地而坐为主，盘腿坐、半躺半靠，或者跪坐，室内以床为主，因地域和身份财富的差异，地面和床上铺的席子各有不同。现在日本家庭保留和室，就是这种生活习惯的延续。在唐代，人们开始放弃席地而坐，转为垂足"高坐"。

我们从垂足而坐的生活习惯变化里，能看到丝绸之路的文化交流，佛教与西北游牧文化对中原文化的影响；也正是"高坐"的生活形态普及，奠定了现代中式家具系统的基础。这是个非常重要的转折时期，但在中国建筑、室内、民俗的遗存文史资料中，有关唐代家具的文献资料特别缺失，现存的唐代家具实物国内基本没有。中国近600年的家具和家居陈设，多亏江南园林、徽州古宅、山西古镇、北京故宫保留下来，现在我们还能通过参观这些建筑去追溯当时人们的家居生活。查阅考古发掘记录，战国、五代、辽金时期出土的文物中都有大件家具实物，唯唐代极少，唐代墓葬发掘的关于家具的出土文物中多见小型器物。于是，我们组团赴日本奈良细究正仓院的馆藏，结合国内的石窟、壁画，从陶瓷、金银器、砖雕、石雕上找到的形态去解构、设计、绘图、出样。

03

历时三年，葛非带领团队为武则天宫殿遗址保护公园设计制作了一批唐式家具，让更多人能借以幻画出唐代皇家的美学倾向，那与我们熟悉的明清是有极大不同的。让我们欣慰的是，参与项目的设计师和同学们都表示，这批唐式家具的实物参考补充了他们的认识空白，更让他们对中式家具的结构演变、材料处理和装饰手法都有了新的认识，对创作有所帮助。

唐式家具的探索和实践仅仅是一个例子，中国的历史长河中遗落有无数宝藏。青铜器铸造而成的礼仪家具有精美而生动的拙朴之风，汉代配合"矮坐"的空间和家具形式对现代生活也存在深层的意义，不然为何那么多人在家中装配几席榻榻米呢？我们真不用把明清家具元素嫁接到北欧简约家具上，更不用把中国传统形制与日式朴素原木家具结合，对"新中式"的创作在中国古典艺术上可借鉴的已经太多。作为设计师只需要摆脱浮躁，静心学习和创作，通过不断实践走出我们这一代人的路。

01

对考古的喜爱融入日用品的设计

寻古不仅出于"十九文房"小组成员的兴趣爱好，更是为了探今。我们要做的不是复原，而是在寻找如何将知识转化，让古典之美融入当下人们生活中的方法，让大家认识到中国古人的生活智慧和来自高古的美。于是，我们把目光放到了日用器物的设计上。

在北京国家博物馆的瓷器馆里，我们爱上一套宋代白瓷盏；在东京根津美术馆里，我们又爱上一只唐代白瓷碗。路过那么多只青花、青瓷、五彩、粉彩后，看到白瓷碗马上安静下来的心情，久久移不开的目光，促使我们下决心从瓷器开始，进行日用器物的设计和制作，让中国古典之美走出美术馆和博物馆，走入人们的生活起居。

唐宋白瓷色泽上的纯净，造型上的简约，非常适合搭配现代人的生活空间，无论是西方现代主义的空间，还是安藤忠雄、隈研吾等日本建筑师设计的空间，都可以融合。这种无知者无畏的精神，使我们踏上了 700 天烧制暖白釉色的实验之路。

手作暖白瓷，有包容一切的特性。我们凭此独门工艺，得以做纯粹造型语言的研究，在器物上强调造型、比例及阴影的相互关系，以期在陶瓷茶具这个已有千年传承的领域，探索在审美上当代化的可能。海棠茶具的设计突出我们对线条与弧面的理解，茶壶和匀杯在垂直面上强调直线，在水平面上强调海棠花的轮廓曲线，通过手修利坯工艺实现花瓣起伏明确的设计；杯身的弧度则结合海棠花的自然形态和设计团队多年对中国古代器物弧度转折数据的研究；匀杯和茶杯口沿细薄的曲线、杯托坚持平整锐利的线条，都基于我们对当代造型审美的理解。

从生活出发，传播古典之美

房价压力让我们的生活空间日趋紧张，日用器物的收纳越发被重视。包括我在内的身边朋友，不能在家里专门设置一张茶桌，甚至我们希望每一个台面都能实现综合用途，而各种用途间的转换也必须是方便体面的。从自身的生活需求出发，我们开始了提梁盒的设计。

提梁盒是中国古代文房和高尚生活中一种常用的收纳器具。"提梁"是如同大木架般挺直的提手，提梁盒就是有提手的盒子，这种结构方式最早见于出土的前三代青铜器上。看到样品，朋友们以为是装餐点的食盒，提出种种便于装饭菜和手拎出行的修改意见。对这些反馈，我们也非常开心，只要大家觉得好用，愿意使用，装什么不可以呢？

现在我们设计有七款盒子，不同的木材决定各款提梁盒重量有别，暗示其用途各异。选用油性最好、肌理最细腻的紫光檀制作，掂手感一流的双层提梁盒，暗示其适合收纳最心爱之物。用较为轻盈的花梨木制作内空间充裕的单层提梁盒，暗示其适合携带出门的特性。高高低低的提梁盒可分别盛装茶叶和茶具、香炉和香料、首饰、文玩和文具，根据使用打开不同的盒子，平时又是一组美丽的装饰摆件。提梁盒系列参加 2015 年米兰世博会，经过使用反馈后的改良，在 2016 年北京国际设计周分会场，金宝汇家天地的《东西对弈》展览上获得成功，这肯定了我们将古典之美与日常生活结合的方向。

对于谈论设计的大话题，我内心非常忐忑，当下中国文化艺术的主体是什么？无法回答这个问题，何以谈论中国设计风格云云？此文仅仅介绍我们四人小组近几年在日常工作中摸索着寻找答案的经历。埋头学习、倾听用户、专心做好眼前事，对我们而言就是最幸福有效的方法。

01~02
唐式禅榻
03
卷草搭脑
04
供花桌腿
05
板形足白铜落地单人近地榻
06
书房家具组

唐代风格关键词

高坐

日常生活的起居习惯会对居室空间形态以及生活器用产生深刻的影响，而这些转变的背后又会为我们透视出更为宏大的文化与制度变革。唐人开始放弃"席坐"转为垂足"高坐"的习惯，让我们看到佛教与西北游牧文化的影响，而在亚洲其他国家，"高坐"的起居方式则要等到近现代时期。

高足

处于唐朝转型时期的生活器用同样特点鲜明，在典型的装饰要素和配色方案之外，也包括受到西域金银器影响衍生出的高足器形，以及伴随佛教传入中国的壶门座式造形。在工匠的巧思中，逐步适应陶瓷或是木器等生产工艺，其中既有人机工程学中便于取放的考量，同时也使其焕发出独有的美学价值。

板式家具

在生活习惯的转变过程中，家具生产技术也没有袖手旁观：板式结构、框架与芯板分离的箱形结构再到梁架式结构的发展，最终造就了明式家具的辉煌。经典可能产生束缚，处于转型期的鲜活生动、无拘无束也许更具启发性。

（本文作者为十九文房设计师小组成员）

DISCUSSIONS OF HOTEL REMODELING

酒店改造面面谈

文　季春华　　　酒店改造比打造一个新酒店更具有挑战性，设计师需要有丰富的酒店设计经验，同时还要对工程造价、施工工艺都有较深的把控度。

酒店改造可分为三种类型：① 翻新改造；② 升级改造；③ 战略改造。

最近一两年,我们接触到很多酒店改造的案例,酒店改造本身就是对客旅文化的承前启后,既要保存好原有酒店的老故事和文化,又要注入新的内涵,使其能够以全新的面貌服务新时代旅人的体验需求,这不仅考验设计师,也考验业主。

酒店改造比打造一个新酒店更具有挑战性,设计师需要有丰富的酒店设计经验,同时还要对工程造价、施工工艺都有较深的把控度。原始建筑结构的分析,设计风格的传承与突破,客户体验感的把握,功能设备的配套比例等一系列问题都要像剧本一样在脑子里过无数遍。不过当这些问题得到解决之后,乐趣就大于难题了。对酒店设计师而言,酒店改造就像将一个旧玩具重新整理,变成一个更漂亮、更好玩的新玩具,或者像变魔术,一个即将被市场淘汰的老旧酒店翻新成充满情调与品质的度假酒店,所带来的成就感很值得期待。

每一家酒店经过一定时期的运营,更新改造是面临的主要问题,尤其是市场需求不断发生变化,必须及时精准找到项目的市场亮点,这些问题都要通过酒店的更新改造加以解决。

具体来说,酒店改造可分为三种类型:
1. 翻新改造,即 A 还是改成 A,这种类型以高端酒店较多;
2. 升级改造,即 A 改成 A+,如经济型酒店改成城市精品度假型酒店;
3. 战略改造,即 A 改成 B,多为收购、转让、更换酒店管理公司、定位改变等经营主体发生变化的改造。

当然,不同类型的改造,关注的重点也不一样,但是无论哪种类型,改造过程中都要坚持三个原则:第一,追求最本真的表现力。每个城市都有独特的内涵,客人都希望通过酒店这一窗口,在享受便利与舒适之外感受城市魅力,体验一种在历史与人文氛围下的现代生活和当地

01
赛舌尔四季度假酒店
02
上海外滩华尔道夫酒店

02

特色。当该酒店的历史被提起时，它的生命渐入别人的眼帘。所以无论是家具的选择还是设计风格的把握，都要追求这座酒店与城市的历史结合后产生的最为本真的表现力，不能为了酒店改造而失去真实性。改造包括设计、体验以及每一个细节的规划。对设计师既是挑战也是机会。第二，创建惊奇和欣喜的体验感。通过一定的联系，可以发现客人逗留期间的关注点。你能为客人创建怎样的体验？这种体验一定要包含通常所说的惊奇和欣喜，包括品牌识别在内的整体感知，通过这种体验，让客人记住酒店。第三，超越客户期待。什么才能留住客户？超越他们的期望才能留住他们。以设计取胜和一流服务见长的酒店，一样可以创造消费兴奋点，一流的服务结合伟大的设计将成为未来酒店发展的主流。

02   03

01
北京四季酒店
02
重庆雾都酒店
03
长白山柏悦酒店

通过与有酒店改造需求的业主沟通，结合众多改造案例，总结业主们公认的难点无外乎四个方面，针对相关问题，我们也提供了针对性的建议。第一，要不要停业改造。酒店改造周期从策划、设计到施工完成，最少需要一年，有的甚至需要两三年，如果停业改造，代价无疑是巨大的。新建酒店需要的程序，改造时几乎一样都不能少，这就涉及业主的经营策略。建议在改造前进行充分的市场调研及可行性分析，尽早确定是全面改造还是局部分标段改造的方向。第二，成本如何控制。酒店改造的成本控制一直是困扰业主和设计施工方的一个大难题，原始图纸的缺失，不能完美配套隐蔽工程等诸多不确定因素，容易导致施工过程中不断调整设计方案，从而造成一些不可避免的浪费。毫不夸张地讲，如果成本控制不好，改造的花费甚至比重建一个新的酒店更费钱。建议在改造前充分考虑不确定因素，认真分析酒店自身的优劣势，对投入成本的控制既要符合实际，又要有长远眼光，切忌盲目改造给酒店带来的巨大冲击和损失。第三，设备改造是个大问题。机电、管道、空调、电梯、智能化等一系列设备改造是个大问题，面临取舍，面临结构、功能的转化，十分考验设计单位和施工单位的经验与水准。甚至有些有文化背景的项目，例如内蒙古包头青山宾馆改造，因为曾经接待毛主席居住，业主方希望改造后既要焕然一新，又要有历史文化的传承。为了帮助业主找到这种似曾相识的感觉，我们在设计时保留了一些原始的吊灯，对一些很有味道的老家具进行翻新改造，使其散发出截然不同的气息。第四，工期是掣肘。酒店运营一般都有具体的时间安排，也存在诸多不确定因素影响工期。出现这种问题，业主第一时间想到的是抢工。但是抢工过程中，推进度的同时，势必造成对细节的忽视。希望业主能考虑这些综合因素，制订合理的工期计划，设计施工单位更想为业主创造精品工程。（**本文作者为苏州金螳螂建筑装饰股份有限公司副总裁 / 设计研究总院执行院长**）

ACOUSTIC DESIGN AND PERFORMANCE ANALYSIS OF KANGLE PALACE

唐乐宫声学设计及表现剖析

图文 习晋　室内运用汉唐时期特有的斗拱、人字拱、天花藻井等建筑构造形式，表现宫廷建筑空间的气势；充分完善建筑声、光、电及舞台表现艺术，从声学设计上符合剧场演出要求，同时满足举办宫廷风格宴会的需要。

几扇雄伟瑰丽的朱漆大门，为繁华的长安北路增添了几许历史之感；而门前簇拥的现代化交通工具，又为这扇颇具古韵的大门以内的情景增添了些许神秘，这就是唐乐宫——一座功能完善的专业化剧院。这里突出了别具一格的唐文化风格，令人宛如置身于独具唐韵的华美宫殿中，感受乐舞艺术穿越千年的恒久魅力。如今，唐乐宫每天座无虚席，中外游客如织，门庭若市，近 30 年的时间，共演出 8000 多场次。

室内设计构思

唐代是中华民族历史上最辉煌鼎盛的时期，处于丝绸之路的重要历史阶段。中国建筑注重形势，"百尺为形，千尺为势"，势可远观，形须近察，势居乎粗，形在乎细。唐乐宫室内运用汉唐时期特有的斗拱、人字拱、天花藻井等建筑构造形式，表现宫廷建筑空间的气势；功能上，根据现代建筑设计形式及建筑声学特点，运用声桥、面光反射板、两侧耳光的扩散体及侧墙的云纹扩散体，结合后墙的吸声板，充分完善建筑声、光、电及舞台表现艺术，从声学设计上符合剧场演出要求，同时满足举办宫廷风格宴会的需要。

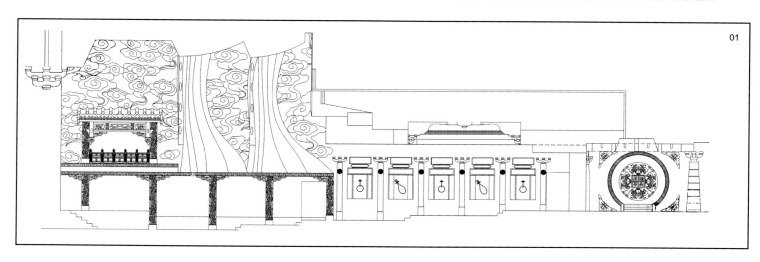

01

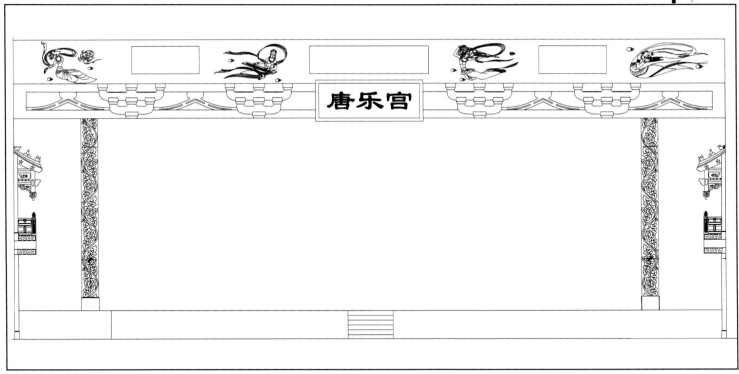

01 立面图
02 平面图

建筑声学实施

侧面的音乐池做成两层，在乐池后设计减音壁，使舞台传出的声音比乐池高出 10 分贝，观众在观赏节目时，会产生音乐完全来自舞台的感觉。吊顶设计选择莲花灯，不仅看上去华贵高雅，而且具备声音扩散功能，符合建筑声学原理。

舞台设计上，通过前后入口特殊处理，将舞台进行切换，与观众席浑然一体，将观众再次拉近舞台，产生犹如亲临盛唐美景般的体会，真切地感受到大唐盛世、宫廷歌舞升平的繁华景象。唐代建筑的斗拱、藻井天花、祥云图案与建声技术、舞美及灯光音响相结合，创造出美轮美奂的艺术空间，再现唐宫乐舞的恢宏场景。

唐乐宫原建筑设计和建筑结构曾多次改动，从建筑声学要求看，存在明显的声学缺陷，观众席后区吊顶太低，进深过大，形成一定的声影区，声音很难传到这里。观众从入口进入剧场感觉非常压抑，坐在后区的观众看不全舞台。

为此，在改造设计中从建筑声学入手，绘制声线图，并进行分析研究，选择最佳的声场分布，使观众席都能得到来自舞台的直达声和来自吊顶及侧墙合适的反射声。依据声线图，确定台口及吊顶反射板的形式、吊顶的高度和弧度；再通过建筑声学混响时间计算，确定墙面及吊顶应采用的反射、扩散或吸声材料。

在唐乐宫舞台台口设计中，采用传统的镜框式台口，音桥采用一根宫殿式大梁横跨整个台口，安放在舞台两侧高大的朱红色柱端的双层斗拱上，

它既实现了安放灯光音响的功能，又满足了装饰效果的要求，彰显出大唐宫殿的宏伟奢华。

舞台台口平面两侧的弧线形突出部分，拓展了舞台演艺空间，使观众与演员更具亲切感，金碧辉煌的假台口也会使舞台表现更加丰富。

在舞台台口侧墙上，大胆地设计了双层乐池，这一双层乐池是唐乐宫独一无二的设计。它可以使观众一边看着舞台上宫女们翩翩起舞，一边欣赏着双层乐池上身着唐朝华丽服饰乐师们的器乐演奏，使乐舞演出融为一体，浑然天成。

设计利用现代电声技术和视觉效果，用来自舞台台口主音箱的声音掩蔽侧向乐池的音乐声，使人感觉到乐舞歌唱似乎均来自舞台，这些都给人以强烈的视觉冲击和听觉享受。

另外，结合面光桥、二层包厢等，唐乐宫的吊顶分为三部分。面光桥前面吊顶为藻井天花，绘有飞天图案的三块藻井和吊挂在藻井内的三个大型水晶莲花灯，给观众席提供来自顶部的反射声和扩散声；经绘制声线图确定的两道面光桥下面的弧形曲面石膏板吊顶，可以为观众席中、后区，特别是挑台下面的观众席，提供来自顶部的反射声，增强音响效果。

二层挑台前部做成弧形，更利于直达声、反射声传递到观众席后部。而挑台下面吊顶中吊挂的水晶荷花灯对声音也有良好的扩散作用。置身在观众席中，会感觉到来自舞台、顶部等被"包围"、被"环绕"的声音。

室内设计表现

唐乐宫观众席侧墙上，每边各有两个看似裙纹的饰面，这是用于舞台表演的两道耳光室。玻璃钢制作的裙纹式耳光，对声音有良好的扩散作用，裙纹形式也是耳光装饰效果的一个突破。侧墙上的祥云图案，既是建声处理中的扩散体，又寓意大唐盛世的祥和景象。观众席后墙采用木质吸声板，可以防止产生回声等声缺陷，提高电声传声增益，避免话筒啸叫，使剧场具有良好的音质效果。

唐乐宫是餐厅式剧院，地面铺设地毯对声音的吸收量较大，吊顶及侧墙均以声扩散为主，提高混响时间，增加音乐的丰满度及声音的环绕感。

装修完成后，经测试，中高频 500 赫兹混响时间达 1.45 秒，1000 赫兹混响时间为 1.43 秒，测试结果表明，这样的声场非常适合歌舞剧演出。

室内设计效果

整体磅礴大气、富有震撼力，入口门庭金碧辉煌、色彩饱满，充满皇室雍容华贵的气质，体现了盛唐气象。客人踏入此地便如穿越古老的历史年代，迫切希望进入演艺大厅，了解这神秘的东方"红磨坊"。

演艺大厅表演区色彩华丽，造型独特，宽大的台口与表演区域及吊顶的原创设计充满诗情画意，寓意对唐乐舞的遐想。金色的流线型灯带、飘逸的裙衣、唐代仕女壁画及贴金的木雕图案，述说着昔时歌舞升平、欢声笑语的盛世景象。寓意深刻的图案、雕饰、数字组合以及构件形式，外合内通宛若天开，演绎了深厚的传统文化历史底蕴，体现"文脉"的传承。

视觉的中心置于中央，保持创新的画面，体现"上国气象"重礼、尚义，辐射超越传统的概念，追求统一厚重的历史感，让设计文化体现在每个细微之处。（**本文作者为长安大学装饰设计研究所所长**）

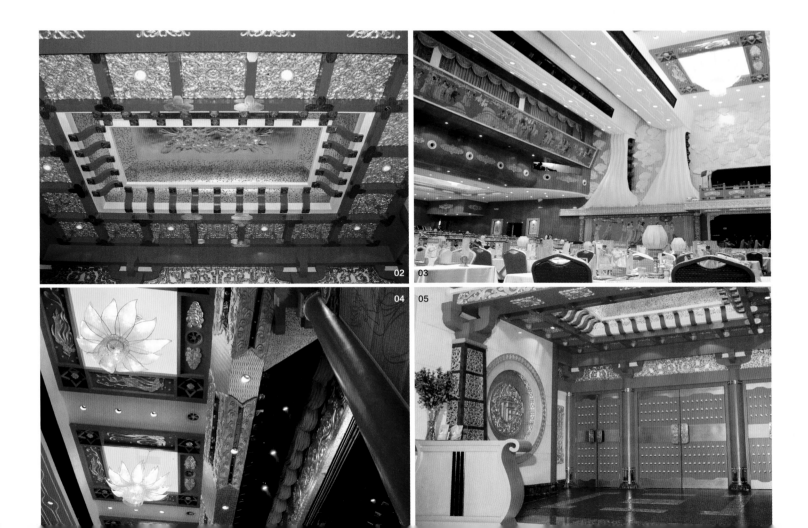

L OOKS LIKE STONES AND BETTER THAN STONES

似石更胜石

在瓷抛砖身上，不仅可以感受到更胜于抛光砖的丰富的立体花色，同样还有优于釉抛砖的耐磨性质，加之其温润如自然石材的触感，无疑代表了瓷砖业最新技术和最高品质。

文 花语

大理石是地壳中原有的岩石经过地壳内高温高压作用形成的变质岩，由中国云南大理市点苍山所产的具有绚丽色泽与花纹的石材而得名。大理石有美丽的颜色、花纹，磨光后非常美观，具有较高的抗压强度和良好的物理化学性能，资源分布广泛，易于加工。因此成为天然建筑装饰石材的一大门类，加工成建筑石材或工艺品，在人们生活中起着重要作用。随着经济的发展，大理石应用范围不断扩大，大规模开采、工业化加工、国际性贸易，使大理石装饰板材大批量进入建筑装饰装修业，不仅用于豪华的公共建筑物，也进入了家庭装饰。

由于天然资源保护、放射性问题以及成本较高等因素，大理石的使用有所局限，瓷砖作为人造建筑装饰材料，成为重要的补充。瓷砖是以耐火的金属氧化物及半金属氧化物，经由研磨、混合、压制、施釉、烧结过程，形成的一种耐酸碱的瓷质或石质的材料。如何在硬度、纹理上更加接近大理石，成为瓷砖技术研发的一个重要课题。历经抛光砖、釉抛砖等传统瓷砖技术

的磨洗，一种"似石更胜石"的新型瓷砖产品——诺贝尔瓷抛砖面世。

何谓瓷抛砖

简单地说，瓷抛砖就是研发理念上对抛光砖和釉抛砖进行了取长补短的新一代产品。传统的抛光砖，耐磨但花色简单；釉抛砖，花色丰富却又不耐磨。而"瓷抛砖"是一种新型的瓷砖产品，由诺贝尔首创，以其通体质地、可塑性和更逼真的花纹、更耐磨的表面，成为设计师为客户塑造理想空间的首选。

同时，诺贝尔瓷抛砖为了克服单一无趣的瓷砖效果，增添了更加丰富的颜色，花纹更逼真，可以创造出更多别出心裁的深加工工艺，比如倒角、开槽、拼接、异形加工等。玩转深加工的诺贝尔瓷抛砖，完美解决了天然石材的缺陷：硬度低、耐磨性不足、不耐酸碱侵蚀、吸水率高易渗污、易褪色等缺陷，以"似石更胜石"的效果给人十足的惊喜。

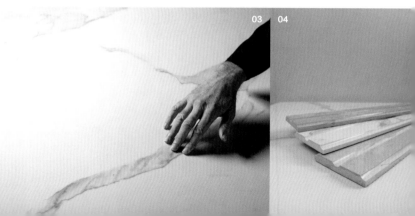

05   06   07 08

01 ~ 04 诺贝尔瓷抛砖工艺表现
05 "鱼肚白"异形拼接
06 "银雕灰（深）"开深度槽
07 "巴菲特"倒边
08 "罗曼金（深）"开踏步槽及外倒角

瓷抛砖精湛的深加工技艺

"鱼肚白"异形拼接

"鱼肚白"系列在搭配领域有很多搭配方式，譬如采用黑色和白色的瓷砖拼接组合，简约时尚，非常具有潮流个性。其中"鱼肚白"系列的纹理非常逼真，在空间运用上又加上"金香玉"系列黑色色彩的拼接，别出心裁地将瓷砖运用到墙面，可大大扩展空间的一体性，时尚元素爆棚。

对于偏爱整体性家装的消费者来说，异形拼接的好处在于，拒绝单纯的色调，可以大幅增加点缀特性，形成一个空间连贯的整体。异形拼接同时也可以形成更多的风格，譬如现代简约风、复古风等，消费者可以根据不同颜色、不同喜好进行拼接组合。

"银雕灰（深）"开深度槽

让瓷砖开槽本身并不是一件难事，难就难在开槽之后花纹的整体性是否还能连贯。诺贝尔瓷抛砖在深加工上有一明显优势：花纹采用立体渗花，开深度宽槽之后依然可见槽内花纹，整体性较好。譬如这款银雕灰系列，在室内装饰上，除却其本身奢华的特性，在使用上可不受限制的深加工，把瓷砖开深度宽槽后再变成装饰品也变得轻而易举。

银雕灰系列的色系质感，给人的直觉是灰色系石材中较为珍贵奢华的大理石，和谐的色彩过渡，自然相互融合，给人舒适之感。消费者可以依据自身喜好，将瓷砖开深度宽槽深加工，应用在地面、墙面、石柱等不同区域，形成不同风格。

"巴菲特"倒边

对巴菲特系列进行倒边处理，再将两片瓷砖拼接，衔接处成为Ｖ形槽，使空间更有趣味性。当然，设计师也可以依据不同风格造型，对瓷抛砖进行不同种类的深加工，比如喷砂、倒角、开槽，立体异形花纹等。

"罗曼金（深）"开踏步槽及外倒角

浴室空间防滑不足已经造成了很多悲剧的发生，诺贝尔另一种深加工工艺：开踏步槽及外倒角也是让业界颇为赞赏的，不管是在墙面进行空间的装饰，还是用于防滑，都表现不俗。

所谓开踏步槽及外倒角，即表面开出多条开踏步槽（即 20 毫米的宽槽），以及加工出外倒角，再让两片瓷砖的外倒角拼接在一起，形成立体的Ｖ形槽，这样的制作工艺，配上罗曼金的非凡气势，可以让空间更加灵动，实用性也可以明显增强。

在瓷抛砖身上，不仅可以感受到更胜于抛光砖的丰富的立体花色，同样还有优于釉抛砖的耐磨性质，加之其温润如自然石材的触感，无疑代表了瓷砖业最新技术和最高品质。

相比传统的抛光砖、釉抛砖、微晶砖等现有品类，瓷抛砖的意义将是划时代的：对设计师而言，这将为他们拓展更广阔的设计空间；对用户而言，这将为他们带来更高端的居家体验。

SELECTIVE EXCERPTS FROM NOMINEES OF THE 2017 INFLUENTIAL CHINA INTERIOR DESIGNERS I

2017 年度中国室内设计影响力人物提名巡讲实录 I

中国室内设计影响力人物评选是室内设计界最具分量的活动之一，至今已举办三届。2016 年 11 月至 2017 年 1 月期间，由 9 位特邀专业评选媒体主编、6 位连续两届影响力人物的获奖者，共同组成评选提名委员会，进行候选人的推荐和评选两个阶段的工作，以计票方式评选出了 2017 年度中国室内设计影响力人物提名设计师 18 位：陈彬、陈厚夫、陈耀光、葛亚曦、韩文强、姜峰、梁建国、陆嵘、赖旭东、赖亚楠、凌宗湧、苏丹、孙华锋、孙建华、沈雷、吴滨、杨邦胜、余平。

4 月 26 日，2017 年度中国室内设计影响力人物提名"诺贝尔瓷抛砖"巡讲活动隆重拉开帷幕，并陆续在全国 10 个城市展开，通过 18 位中国室内设计影响力人物提名设计师的演讲和交流，与全国的设计师共同深入探讨中国室内的当下与未来。

苏丹：超越室内——关于环境意识的复兴

环境不仅仅只是关乎自己，关乎人性，它还要继续关乎社会，从而建立使个人之间相互连接并达成共识的可能；在未来它更要关乎自然，这是建立信仰的开始，是自觉诞生的曙光！

环境意识

环境指的是从物质、制度、表意性文化和心理等层面上影响人们并使之感受到其力量而力求与之相适应的周围境况，包括自然环境和社会文化环境两大类。环境意识自古至今一直存在，古时候人们在进行劳作和创作活动时匍匐在环境之下，可能对环境更有敬畏的心理。

20 世纪 80 年代，环境意识在中国学术界萌发。当时，很多艺术家和建筑师意识到新的环境观念，艺术创作上涌现出很多新的形式，建筑设计上也出现了新的设计观。以前我们谈环境意识，更多的是指向人性，而今天谈的则是更复杂更多元的东西。新时期里，环境意识和观念不断地发生变化和演进。

宋庄的艺术家吴高钟的作品画框，表明主体和外围的关系开始发生转移，主体赖以生存的环境变成了重点。大地艺术家安迪·戈兹沃西，一直通过在大自然中进行劳作进而用身体去体悟环境。艺术家珍妮弗·卢贝尔的团队以食品为媒材进行环境观念的艺术实践与创作，他们做的"丰饶女神"大型庆典活动，浓缩了文学叙事与空间叙事，还有着装和食品的精巧设计。用餐过程中人与作品的互动，既有趣味性也是充满隐喻的一种行为艺术。最先锋的艺术发展到今天，越来越强调空间的特质，环境的特质。

艺术是精神性的东西，它会改变人的思想。艺术家通过自身的感知，对现今的文化进行展望和批判。巴塞尔艺术品库，入口采用石棺的概念，是一个巨大的符号，起到了隐喻作用。这就是建筑师从艺术家那里得到了启发，进行创作。

自我

一直以来，个人与社会的关系都是一个话题。人的本性里既有社会性的一面，也有反社会性的一面，反社会性是指人对社会性有本能的排斥，即一方面向往，一方面排斥。

我在北京为摄影师冯海做过一个展览，其中有一部分是《面具》系列，通过这个系列的作品，我看到个人内心的一种孤独感。我评价道：其实每个人都需要面具，面具是应对社会的，而面孔是自己的，有的时候我们需要内观才能看到自己的面孔。

2015年，我在米兰世博会的开幕式上做了一场现代芭蕾的演出，我想在其中增加一些设计元素，为一位独特的人做一把独特的椅子，于是便请美籍华人设计师石大宇为演奏家冯满天用竹子专门量身定制了一把椅子。家具不再是一个现代生产的概念，而是要按照个人的特征去做。

我认为这是一个时代的暗示，告诉我们无数的个人开始从这个社会生长出来，因为过去我们奉行的是集体主义，所以"个人"出现的时候是一个很特别的时代，需要我们认真对待。

社会

社会是一个关键词，个人是一个关键词。社会，指的是由个人构成的一个群体，这些人互相有一种依存关系，又占据一定的空间。因此今天我们经常会提到族群、社会、社区这些概念，社会对于个人来说是非常重要的。

影片《少年派的奇幻漂流》对人性对社会性进行了剖析。少年派在与社会完全脱节后，之所以还能够生存，是因为他与一只老虎重新构建了一种社会关系。老虎通过人性的反射成为另外一个"人"，既带有一种危险，代表了人的社会性里面存在的那种危险，同时它的存活，又代表每个人在社会里需要担当的一种责任。这只老虎变成中性的存在，折射出人性社会性的几个方面。

2015年，我在米兰做的那场舞剧，请了全球9个国家的11位著名的芭蕾舞演员，在一个共同的命题之下进行表演。这个命题是讲人与社会的关系，着重于个人，预示一个新时代的产生将会导致教育发生变化。未来每个受教育者都是独特的，教育者也是独特的，如何构建相互间的关系是值得思考的。按照人去构建一种知识传授方式，这是未来的一种可能性。

达明·赫斯特的名为"难以置信的毁灭中的珍宝"的展览，虚拟出沉船珍宝被打捞上来的情景。部分展品为了看起来像是沉没在海底遗失千年的珍宝，艺术家把作品放入海底。观众参观时感受到的是人类文明在自然面前是不堪一击的，无论多么华丽与伟大，自然都能够很轻松地将其淹没。

01   02   03   04

01　　　　　02　　　　　03　　　　　04

自然

东西方对自然都有一种理解，一个线索是探讨自然到底是什么，另外一个线索就是环保，针对目前的状况要保护自然。

2014 年，黄笃策展的"鲨鱼计划"想要唤醒人们对环境变化的察觉、警觉。展览入口是艺术家王鲁炎的作品《一张巨网》，通过这个渔网装置，参观者把自己和鲨鱼的身份进行了角色交换，改变观看作品的立场和视角。这是典型的观念性表达的当代艺术展，目的是改变观者的思维方式。

2014 年 2 月 25 日，在北京有一个重要的行为艺术活动。艺术家聚到天坛，一人拿一张照片祈祷蓝天。按照传统的美学，这个作品什么也不是，但是它的重要意义在于，在特殊的空间和时间即环境里面，关注深刻的自然问题。

我有一位意大利建筑师朋友，一方面他做很奢侈的作品，一方面他又有社会关怀，想要回到原点，重新思考设计师的社会责任。他与其他几位建筑师通过模型做了一个主题展，构建理想社会。模型展望了一种未来的生活模式，包含社区、场所、生产、建造，以及这一切与自然的关系等，所有的模型都在叙事。这个作品传达了自然和人类社会的关系正在发生变化，人类需要采取措施迎接挑战。

1976 年诺贝尔物理学奖获得者丁肇中给过我几点启发，一是他在研究暗物质，他说理论推翻不了实验，而实验能推翻理论。所以他是实验物理的中坚力量，完全靠实验推翻了很多科学家的理论。二是他认为科学是全人类都关心的，与国别没关系，科学研究的是客观世界的真相，而这个真相可能就是所谓的自然。

环境意识与未来生活

米开朗基罗·皮累托斯托是当今意大利重要的艺术家，这些年他最伟大的思想成就是在环境问题上发现了一种合理的关系，即人、社会、自然三个圈的贯通关系。两极是社会和自然，中间是人。他最后的结论是，和谐的世界需要在社会、个人、自然三者间建立一个良好的循环状况，这才是无穷的。

2016 年，我们在米兰第二十一届三年展国际展览上做了一个与教育有关的展览"21 世纪人类圈———一个移动的演进的学校"，探讨了很多关系，包括社会性与反社会性的关系。社会性中只依靠和谐不够，有时会有争执和对抗，所以交流和对话非常重要。表象背后都有一种决定性的东西。三年展备受国内外的瞩目，大家关注到这个展览是独特的，探讨了未来教育问题，因为教育问题也是可以通过不同的科学实验得出各种可能性的。

环境意识是什么，就是在自然、社会和自我之间取得平衡。这其中每一个概念都不是过去简单的"自然就是青山绿树"的理解，自然有一种神秘的属性，具有强大的生命力和无限的可能，是不断生长的。社会是人和人的关系，是复杂的，含有各种冲突对抗又能达到表象和谐的。自我既是最渺小的，像构成世界的原子一样，又是最大的，是通向自然的一个通道。有可能你本身就是一个世界。

我们即将迎来一个新时代，在这个时代，技术能够创造新的物质世界和新的因果关系，技术的变革将导致生活方式观念的变化。在新的世界构成过程中，我们要协调新的关系，建立新的准则，这是环境规则。因为现代主义追求利益最大化不考虑这个问题，只是从局部考虑问题。从整体考虑问题，就要把社会、自然、人协调到一个框架内去考虑，这就需要你有更大的智慧和更宽广的视野和包容心，也需要一系列的努力和等待。

05

吴滨·摩登东方

无间设计，缘起东方。无与空是一种丰饶，无是留白也是一切；间是生命的空间，也是能量的距离。

做设计，从东方的美学来讲，"气"是一个非常重要的东西，气韵，就是宇宙中鼓动万物的气的节奏、和谐。所以在空间中，就必须营造出这些物体的气的冲突与相容性，从而达到设定的气场。

设计首先要解决功能问题，把有感染力的艺术成分加入设计中，是解决了功能问题之后的境界升华。好的设计产品，应该在视觉感染力和功能上取得平衡。

06   07   08

北京中粮别墅项目

中粮别墅这个项目的灵感来自于两句诗："花影移墙，峰峦当窗，宛然如画。""径缘池转，廊引人随，移步换影。"

任何创作，只有人文情怀、唯美诗意并不足够，我们既要保持对于美学和情怀的热诚，也要避免因盲目追随而导致的适得其反，重要的不是"有所为"，而是"有所不为"——我们的设计从来不是一件情绪激烈的展览品，而是拥有持久感染力的艺术品。

作为空间中轴线上的端景餐厅背景墙，以 12 片艺术屏风加以诠释，这是一款用 3D 打印而成的巨型屏风，在传统太湖石的图形中提取元素，并将其抽象，变成数字化的感觉，跃然于屏风之上，以彰显中西合璧之寓意。

北京首创天阅西山

天阅西山会所主体建筑入口是一个向内纯白的凹空间，全透明玻璃体，虚空开放，占据整个空间的纯白云体，实则是现代十字拼接而成的 3D 打印艺术作品。阳光渗入，云的光影随着微风、光照溶溶曳曳，或静或动，"静即等闲藏草木，动时顷刻遍乾坤"。

会所设计中灰空间的大量运用，冲破封闭空间的制约，与天地、与过往时空遥相呼应，烘托诗意化和东方精神，空间的墙体交代明确或不明确，又运用玻璃产生了诸多趣味点。两对运用对景语言的 VIP 空间，由 6 块夹绢玻璃叠加组合的梅花窗隔断，形成云的状态。透过隔断，对面的人如镜中花、水中月，亦如《红楼梦》中"假作真时真亦假，无为有处有还无"，那是一种人生如梦的觉醒，梦幻而收敛隐藏，是对人生的终极追问。

空间内大面积留白处理，简约中蕴含大量细节，并将细节洗练到极致。看似纯粹的空间，却将人的感知全部融入。大面积灰白墙面特别选用亚麻布硬包，亚麻的柔性与硬朗精致的铜边对比，大幅提升空间层次感，而亚麻还能带来宁静声场和它与生俱来的天然凹凸纹理。视听触，它们不再局限于一时一地，而是绵延成进入空间里的每一寸空气，每一次呼吸。

北京旭辉一合相

"一合相"源于佛语 "若世界实有者，则是一合相"，坐拥京城南苑阔远天地。 南海子——曾经的皇家苑囿，皇族、雅士曾往来于此。

整体空间调性沉着，饰品表面肌理、哑光铁件质感、老物件带来的时光与宁静感，为空间注入厚重历史感，色彩运用低饱和度具分量感，暗沉低调中却又跳脱出透气精致与贵气细腻。进入空间，玄关手绘墙竹影斑驳，置身其中，让人有种"已觉庭宇内，梢梢有余清"的空间感，反映现当代雅士的虚怀有节。

01　　　　02　　　　03

04

05

06

07

上海黄浦滩名苑

北京的项目具有东方文化的厚重感，而上海是一座更年轻的城市，同时又饱经西方文化洗礼，所以更讲究生活趣味，具有一种东西方融合的更加温润的特质。上海黄浦滩名苑中使用了"格调"的概念，"格"，拙规矩于方圆；"调"，无为有处还无。其实最高的境界就是出神入化的状态。

整个室内空间塑造成与外部空间相通的开敞廓落，室内外空间成为抽象上的完整状态。客厅挑空空间大面积留白开敞，与客厅正对的偏厅压低暗黑色调，形成黑白开合节奏对比，无限扩展空间尺度。空间内饰品选择考究，墙面木作包裹饰以巨幅漆画艺术品，联结着上海千百年来海纳百川的包容开放和当下精致优雅的生活方式。

一个好空间的打造，需要上到建筑，下到软装和产品，设计师都要有很深的了解。公司需要从建筑做到室内再做到陈设产品，只有这些东西全部连贯在一起，这个作品才是完整的，才能做到每一个节点都是受控的状态。

最新家具系列"未墨"

好空间要有好的软装呈现，其中，好的家具非常重要。"未墨"系列产品，灵感来源于 20 世纪四五十年代北欧的设计，被赋予了当代东方视角，用中国传统水墨画的留白，与不同的时空设计在循环往复中交织出脱胎于东方、游离于西方的当代设计。

我们一直不断尝试想要找到最契合当下中国人的空间方式，关注赋予传统以当代意义。我们与生俱来是东方特质，如果能用东方的视角更多地关注国际化的东西，也能带来一种新的面貌和新的思考。用这样一种方式去呈现家具，再将家具与我们的空间融合，寻找一个摩登东方的语言。这就是我们当下正在做的一个实验，也是我们当下的一种空间解决之道。

01
北京首创天阅西山
02
北京中粮别墅
03
皇都花园
04
北京首创天阅西山
05
北京旭辉一合相
06 ~ 07
气韵

陈彬：被唤醒的体验

人对一座城市的感受，是通过一个空间、一个建筑、一条街道，或者一位朋友来感受的。每个人都会通过不同的方式，去体验和感受自己所在的城市，而这些感受又会影响人对这个城市的判断。

我所在的城市武汉，有众所周知的黄鹤楼、武汉长江大桥和汉口街区。武汉是一个工业城市，它曾经是长江沿岸内陆城市中最大的港口，民国时期建了很多工厂，遗留下大量建筑。现在因为城市发展的需要，很多老厂房、老建筑都慢慢地被拆迁或者被掩盖、消失。我不知道对一个城市来说，这是一个机遇，还是一个遗憾。

武昌第一纱厂是当时中国人自己投资的华中大型纺织企业，很多厂房都永远地淹没在房地产的浪潮中，但幸运的是，原第一纱厂的办公楼被保留下来了。

我在武汉美术学院读书时，曾经和同学一起装成工人混进武昌第一纱厂去给老厂房拍照，大学毕业后又一直看着它们一点点发生变化。当有一天有人对我说他把这个厂房租下来，想做些什么的时候，我觉得自己被命运之神触碰了一下，我对这个老厂房的记忆和印象全部展开了。

这个百年前的办公楼非常破旧，非常没落，就像一位迟暮的老人坐在城市的角落。房产持有者并不清楚要如何利用这栋老房子，所以他请设计师来商讨如何给这个老建筑一个新的身份，因为建筑与人一样，如果没有新的身份存在于当代社会，它就会失去它应有的地位。

用什么方式赋予它一个新的身份？这座城市中的人是否能够重新认识并接纳它？这是设计师和空间使用者应该好好思考的问题。我们想到的第一个概念是做一个画廊或者小型美术馆，但整个空间不应该只有艺术，还要有生活，所以应该有一些其他的配套空间。

我们希望它虽然是一个艺术中心，但是有很多能与当下城市年轻人的生活接触和碰撞的连接点，而不是高高在上的纯艺术场所。老建筑原有两道主要的通道和前后的回廊，我们进行了分割，把中间主要的体块做成一个小型艺术中心，两边有沙龙空间和会客室，旁边还有一个以书屋为主题的咖啡区，是艺术中心进行活动接待和休闲的地方。

我们原本设计了餐区，希望吸引人在那里停留，但后来没有实现。我们曾想或许能够做一个烘焙厨房，可以观看演示或是自己亲自动手的场所；我们又想或许能够做一个设计师买手店，展示并销售设计师按照自己的审美和行为选择的产品；我们甚至还想引进一家花店，或是一家小的服装高级定制店……我们的计划中注定有很多是不能实现的，因为这个项目是一个过程，有一些想法可以保留，但根据实际情况，有一些想法不能实现。

老建筑改造方法很多，是还原民间建筑，还是做时尚新空间？在与委托方商讨的过程中出现过很多碰撞、交流、争执，最后大家达成一个共识，就是采用了定制的方式，在保留原建筑面积内核的前提下植入一些新东西。老的东西我们尽量去保留，但是当代的东西也应该非常清晰地表现出来。将新旧两种方式共同地放在空间中，会出现很多不协调或是对立的地方，但是

01   02   03

04

05

用两个时代不同的语言，包括色彩、造型、触感、痕迹等等，把我们对当下的思考和使用在这个空间里展示出来，也是一场不错的挑战。

三层是最有挑战性的一层，因为层高非常高，我们想充分去利用它，但同时要考虑它的结构拓展和消防等，这些都在整体设计中形成制约因素。但是也恰恰因为这些才使得我们小心地避开了一些障碍，最终得到我们想要的空间。

三层的中间部分做成一个可以进行小型演讲、室内演奏或沙龙发布会的空间，旁边是整栋大楼管理层的办公空间，另外一侧是内部接待空间。

这里保留了很多老墙，清理了原来墙残破的表面，保留墙内的构造，希望老墙保留下来，起到自己的作用。老

墙上有老的污垢和新加的体块，对面的是新的材质、新的工艺和当代的色彩，反映出适合当代使用的场景。

地下室用非常厚重的墙分割，入口做了简约的设计，保留原来复杂的破败的地方，在另外一个新的地方做了一个现代的墙体，形成一个内部庭院。地下室改造后变成小小的红酒博物馆，由于空间有限，因此使用一个有颜色的色带来贯穿整个空间。

三楼上有一个狭小的阁楼，阁楼里有一扇老虎窗。"每一个人心中都有一个属于自己的阁楼"，我要把这个地方做成一个可以让人使用的空间，利用这个狭长的地方把所有生活、休息、工作的空间涵盖进来。我们保留了老窗子的造型，赋予它一个现代的颜色，然后把整个空间做得更加简约。

01~03
武汉记忆
04~05
武汉第一纱厂改造
06~09
线制装置艺术

06

07

08

09

通过这种方式，老建筑有了很多变化，它有红酒博物馆和艺术中心，有配套的沙龙、酒店和办公管理、交流会客空间。我们几乎改变了这座老建筑原来的全部功能，给它一个非常新的身份，但是设计师的工作是否就结束了，我们还可以做什么？设计应该用一种另外的方式或者当下人们能够感受到的方式，回应曾经在这座建筑里生活、工作过的那些人、那些事情，而不是只有现在的生活、消费和欢乐。

电影《一代宗师》里有一句话："念念不忘，必有回响。"我也是念念不忘，必有回应。有一天下午，我在清理工作现场时，在地面上看到一些老旧图片和油印的纸张。我马上停下清理工作，把所有旧东西全部收集起来，有手绘的工厂平面图、工作信函和信件、文件票据、报纸杂志、袖章以及生活用品等。还有一个花名册，记录了曾经在这个工厂里工作的人的名字、年龄、地址等信息。这些物品向我们传达了一个信息，就是这个老建筑的历史，和它曾经与这个城市、人们之间的关系，生动地记录了整个工厂发展的过程。在这个空间里也应该有一种回忆，所以我想邀请一些年轻的志同道合的艺术家做一次文献展，通过当下大家能够接受的方式展示出来，从而和这个城市、曾经在这里工作过的人以及家庭产生一些关系。目前，我们正在做这件事情，而且得到很多人的认可。

有一位墨西哥艺术家做了一个装置艺术，使用很多彩色的线在空间中做造型，色彩象征曾经在这个建筑空间里的青年的生命，线是和他们的生活及厂房交织在一起的。我们借用这种现代装置的方式表达与厂里这些事和人的对应，形成 Big House 当代艺术中心现在的样子，并已经开始使用。一些细节比最初的策划更加贴近我们的感受，中间展览空间的屋顶是 100 年前的，有非常漂亮的线条和花纹。保留这个屋顶，是想告诉来到这个空间的人，它应该是一个值得反思的顶。

新的展览墙非常现代、完整，空调都是以定制悬空的方式安装，和原来的空间没有关系，和老的建筑永远保留一个物理上的距离。我们还保留了一些老的砖墙面，把二楼的墙体原来多年贴上去的东西一层一层小心地剥下来，露出原来墙的样子，非常漂亮。一边是最新现代工业的墙，另一边是传统的墙，它们之间只有 90 厘米的距离，一步之遥跨越整整 100 年。这座建筑建于 1915 年，我们在 2015 年完成改造，这之间正好 100 年。

在这个空间里，当代艺术找到了自己的位置，这座承载着当代艺术展示平台的老建筑，也有了自己当下的位置。

改造之后，我特地去看使用时的情况，发现这个空间因为人们的使用变得更加丰满，更加温暖。当代的和传统的元素交织在一起，产生了奇妙的磁场效应，令人感慨一个新生命的开始。

无论是一座建筑还是一个空间，都有自己的生命周期。我不知道当现在的设计师去触碰这些老的建筑时，是否能够合它们的意，希望我给出的是一个满意的答案。

01 ~ 03
big house

01　　　　　　　　　　　　　　02　　　　　　　　　　　　　　03

传递 # INFORMATION

2017 年度中国室内设计影响力人物提名"诺贝尔瓷抛砖"巡讲活动异彩纷呈

近日，由中国建筑学会室内设计分会主办、杭州诺贝尔集团协办的 2017 年度中国室内设计影响力人物提名"诺贝尔瓷抛砖"巡讲活动在全国各地陆续展开，活动得到当地专业委员会的大力支持和设计师的热情参与，巡展和演讲异彩纷呈。

2017 年 5 月 12 日，中国建筑学会室内设计分会第十六专业委员会承办的长沙站巡讲活动隆重开幕。上午在长沙红星美凯龙岳麓商场举行了活动的开幕式。参加开幕式的嘉宾有：中国建筑学会室内设计分会常务副理事长兼秘书长叶红女士，中国建筑学会室内设计分会副理事长、第十六专委会主任刘伟先生，中国建筑学会室内设计分会常务理事、第十六专委会秘书长王湘苏先生，中国建筑学会室内设计分会理事、

贝尔集团副总裁周国跃先生，杭州诺贝尔陶瓷有限公司宁波分公司总经理潘文宇先生，2017 年度中国室内设计影响力人物提名设计师杨邦胜先生、韩文强先生。叶红女士和潘文宇先生首先致辞，随后是由中国一艺花道创始人林艺老师带来的唯美的花艺表演，搭配诺贝尔瓷抛砖不同色系，现场制作展示了以高尚典雅、冷艳珍贵、温润素雅为特色的三款花艺作品。中央美术学院建筑学院副教授、建筑营设计工作室创始人韩文强的演讲题目为《与自然关联的空间设计》，以近期不同类型的项目为例，分享设计的探索和思路，总结出三种追求呈现自然因素的方式。中国建筑学会室内设计分会理事、YANG 设计集团创始人、2012-2013 年度中国室内设计十大影响力人物获选者杨邦胜以《我的酒店设计观》为题作演讲，阐述了酒店设计一体化的思想内涵，提出酒店设计

刘伟老师就老建筑与新形式的结合、设计师的价值观、如何把握设计的加法和减法等问题，与演讲设计师进行互动交流。

2017 年 6 月 8 日，中国建筑学会室内设计分会第十七专业委员会承办的宁波站巡讲活动在宁波威斯汀酒店银河大宴会厅隆重举行。

活动首先进行"诺贝尔瓷抛砖"设计潮流与发布，出席活动的嘉宾是：中国建筑学会室内设计分会常务副理事长兼秘书长叶红女士，中国建筑学会室内设计分会理事、第十七（宁波）专委会主任王明道先生，专委会秘书长张铁钧先生，杭州诺

DOMO nature 家具设计品牌创始人赖亚楠女士，中国建筑学会室内设计分会理事、后象设计师事务所设计总监陈彬先生。开幕式由长沙佳日设计机构董事长徐天舒女士主持，红星美凯龙岳麓商场总经理周亚光先生和刘伟先生分别致辞，随后刘伟引领本次巡讲活动的演讲嘉宾陈彬和赖亚楠就设计师的 24 小时这一话题，分享设计与生活。

12 日下午，影响力人物提名设计师演讲在长沙市图书馆二层报告厅举行。出席上午开幕式的嘉宾悉数到场，叶红女士和杭州诺贝尔集团总裁助理孙月根先生分别致辞，陈彬以《被唤醒的体验》为题做演讲，通过不同的旧建筑改造项目的设计过程和理念，分享自己被唤醒的设计体验；赖亚楠的演讲题目为《设计之问》，针对设计提出 10 个问题，分析现实的设计状态，解剖设计师的责任，倡导绿色设计。演讲结束后，

首先要从解决问题开始，设计要有分寸与境界的观点。进入互动阶段，《TOP 装潢世界》的主编孙楠楠女士就酒店的设计趋势以及人与自然和空间之间的关系等问题，与两位演讲嘉宾进行更为深入的探讨交流。

每一站的巡讲活动还同期举办 2017 年度中国室内设计影响力人物提名"诺贝尔瓷抛砖"巡展，展览以 18 位提名设计师各时期的代表作品以及他们一天 24 小时的日常生活安排为主要内容，并展示了每位设计师特别推荐的最值得阅读的书籍。这些展览内容从不同角度体现出设计师的工作、学习与生活情况，让到场的参观者更加深入地了解一位有所作为的设计师是如何炼成的，彰显出榜样的借鉴作用。

高校公开课南京站活动在南京林业大学开讲

2017 年 5 月 24 日，由中国建筑学会室内设计分会主办，中国建筑学会室内设计分会第十八（南京）专业委员会及南京林业大学设计与艺术学院承办，江苏省室内设计学会协办的高校公开课南京站活动在南京林业大学香樟苑大楼开讲。出席活动的有中国建筑学会室内设计分会第十八（南京）专业委员会主任陈卫新，秘书长张乘风，副秘书长赵毓玲、陶胜，南京林业大学艺术与设计学院副院长、副教授管雪松，南京林业大学艺术与设计学院室内设计系主任、副教授耿涛。南京专委会理事黄译、薛燕生作为青年设计师代表与南京林业大学设计与艺术学院的师生互动交流。

2017 年世界室内设计日以"为世代的室内设计"为活动主题

2017 年 5 月 27 日是今年的世界室内设计日，活动主题是"为世代的室内设计"。世界室内设计日是由国际室内建筑师 / 设计师联盟（IFI）确定并发起的一个年度活动，旨在提高民众对室内建筑和设计的了解，促进同行间的合作，让大家认识到室内建筑师和设计师对社会做出的贡献。

世界室内日并不是由 IFI 统一组织的一项活动，而是由世界各地的建筑师和设计师自发组织的多样化联合活动，一般包括设计参观、讲座沙龙、作品展览以及一些儿童兴趣活动。登陆 IFI 网站（www.ifiworld.org）可以看到世界各地的活动情况。

 第五届中国陈设艺术论坛暨陈设优秀作品邀请展将于广东汕头举办

由中国建筑学会室内设计分会和汕头市装饰行业协会联合主办，中国建筑学会室内设计分会第三十九（粤东）专业委员会承办的"第五届中国陈设艺术论坛暨陈设优秀作品邀请展"将于 2017 年 10 月 13-15 日在广东汕头举办，本次活动的主题为：陈设·室内·建筑。

中国建筑学会室内设计分会自 2012 年开始在重庆举办了首届陈设艺术发展论坛和作品展览之后，相继在杭州、成都和

"十年磨一剑，创意设计的事业"，公开课以"十年"为主题展开，讲述了青年设计师从毕业到立业走过 10 年的心路历程。薛燕生认为，设计中重要的是"空间的使用者"，抓住使用者的本质需求，才能做出好项目。多做相关练习熟能生巧，就会准确、快速地提取出项目的"设计元素"。

黄译认为，室内设计师的职业素养和态度是非常重要的，好比因为医生专业，所以患者要听医生的，设计师也要保持专业。做设计可以天马行空，但不能过于意识流，因为室内设计最终还是给人去用的，有一定的标准。

最后，谈到提升审美高度问题，陶胜认为，这需要时间的历练，不断学习，不断思考，就会不断成长。

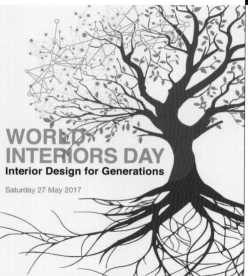

深圳举办该论坛。围绕陈设提出不同的主题，通过论坛和展览两个角度，深入探讨陈设与生活的关系，对行业的发展起到了积极的推动作用。

本届陈设艺术论坛将着重对近年来陈设设计领域取得的成绩做全面的回顾和展示，探讨陈设在室内和建筑领域的作用，诠释陈设设计的意义，并进一步研讨陈设的一些概念问题，以利行业的健康发展。陈设优秀作品邀请展将继续面向全国各地的会员和设计师征集优秀陈设作品，并在活动现场举办展览。目前，陈设作品征集活动已经开始，作品投递咨询电话：北京秘书处 010-88356608；粤东专委会秘书处 0754-88469294、0754-88691294。

2017"新人杯"全国大学生室内设计竞赛评审工作圆满结束

2017年6月15日，2017"新人杯"全国大学生室内设计竞赛评审工作在北京圆满结束。本届竞赛以"住宅室内设计"为主题，提供建筑面积约110平方米的三室一厅二卫一厨住宅平面图，参赛者根据此命题进行设计，自行分析和确定以及居住者的生活方式和使用需求，充分利用室内的空间关系，表达对中小户型设计的理解和展望。要求首先充分满足家庭居住的功能，并应注意环保、节能、健康、安全的绿色设计。

大赛共收到参赛作品1182件，展板1820块。参加评审的评委是：北京建筑大学教授李沙、兰州财经大学艺术学院副教授苏谦、山西大学美术学院院长高兴玺、哈尔滨工业大学建筑学院副教授马辉、重庆第二师范学院室内设计专业教师、重庆年代营创室内设计有限公司董事长、设计总监赖旭东。

评审从经济、适用、美观三方面对参赛作品进行筛选评判，最后共评出一等奖2个，二等奖8个，三等奖10个，优秀奖50个，鼓励奖119个。最佳导师奖3名，优秀导师奖5名，导师奖5名，组织奖6名。获奖名单将刊登在《中国室内》杂志，并在网站发布，请登陆室内设计网 www.ciid.com.cn 查询。

评审结束后，评委进行了简短的总结和点评，认为参赛作品整体水平有明显提高，有的设计运用参数化等新技术和新手法，体现出大学生设计与时俱进的风采。同时也可以看出参赛作品有两级分化现象，一些作品有明显的堆砌痕迹，依然存在拼凑情况。各位评委希望今后的竞赛能够继续完善提高，办得更好！

2017第五届"室内设计6+1"校企联合毕业设计答辩工作在北京建筑大学举办

2017年17-18日，中国建筑学会室内设计分会主办的2017第五届"室内设计6+1"校企联合毕业设计答辩工作在北京建筑大学如期举办。本届"室内设计6+1"校企联合毕业设计的题目为《国匠承启——传统民居保护性利用设计》，同济大学、华南理工大学、哈尔滨工业大学、西安建筑科技大学、北京建筑大学、南京艺术学院、浙江工业大学七所高校师生积极参与，

由北京城建设计发展集团股份有限公司建筑院提出。参加高校有同济大学、华南理工大学、哈尔滨工业大学、西安建筑科技大学、北京建筑大学、南京艺术学院及浙江工业大学。25位评委专家、特邀嘉宾、高校导师出席参加了此次答辩活动。

答辩分上午和下午两场，参加答辩的同学不仅展示出对毕业设计题目和内容的深度思考和创新理念，更展示出大家一起团结合作、努力进取的风采。

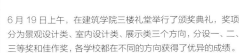

6月19日上午，在建筑学院三楼礼堂举行了颁奖典礼，奖项分为景观设计类、室内设计类、展示类三个方向，分设一、二、三等奖和佳作奖，各学校都在不同的方向获得了优异的成绩。

答辩活动同期还举办了2016CIID"室内设计6+1"校企联合毕业设计优秀作品展，此次活动吸引了来自黑龙江省10多所高校的师生及设计师前来观摩学习，对黑龙江省的室内设计教育起到良好的推动作用。

经过专家四轮的严格评审，共评出等级奖58名、优秀奖50名、鼓励奖70名，另有最佳导师奖3名、优秀导师奖4名、导师奖4名、组织奖5名。具体获奖名单请登录中国室内设计网 www.ciid.com.cn 查询。

行业新闻

斐礼艺术品正式入驻中国美术馆文创中心

日前，斐礼艺术品被中国美术馆选中，作为重要的艺术品提供商，正式入驻中国美术馆文创中心。斐礼将大力挖掘并扶持国内本土青年艺术家，联合现有艺术家资源，助力中国美术馆文创中心，成为国内一流的文化创意产品开发与推广平台。

随着消费者对精神生活需求的增加，中国正迎来新一轮消费升级的浪潮，文化消费者数量极速增长，更多的普通消费者正经历从应付生活转变为经营生活、享受生活的过程。未来

的艺术品消费市场将集中在艺术生活、文创产品、青年当代艺术、艺术生活方式等领域，艺术品消费市场发展的核心精神是艺术品走进生活。

斐礼取自"斐然于身，往来于礼"，是纽斐尔软装陈设设计艺术公司与行业尖端设计师艺术家合作开发的非凡艺术礼品，倡导让艺术品走进普通大众的客厅，让每一个人都能够目睹艺术品，亲身感受艺术品的非凡魅力，好似与艺术家本人对话，深入内心世界，获得精神和感官上的全方位享受。

第二十二届美国阔叶木外销委员会东南亚及大中华区年会在青岛圆满召开

2017 年 6 月 23 日，第二十二届美国阔叶木外销委员会（AHEC）东南亚及大中华区年会在山东青岛威斯汀大酒店顺利举行。40 多家美国阔叶木外销委员会的会员公司以及全球知名的设计师齐聚青岛，共有 400 余名代表出席本次年会。今年的年会以"走向可持续发展的低碳未来时代：美国阔叶木的新技术及应用"为主题，推广美国阔叶木在家具、木门、地板和细木工领域的制造和设计应用。

美国驻广州农业贸易处副主任王威立先生、美国阔叶木外销委员会会长戴夫·布拉姆利奇先生、美国阔叶木外销委员会行政总监麦克·斯诺先生、美国阔叶木外销委员会东南亚及大中华区处长陈席镇先生、美国硬木板材协会行政总监罗娜·克里斯蒂、山东省家具协会会长、烟台吉斯集团公司总裁孙杰先生、北美硬木板材协会首席检测员达纳·施佩塞特

第二十二届美国阔叶木外销委员会
东南亚及大中华区年会
AHEC 22nd Southeast Asia &
Greater China Convention

先生、AA Corporation Ltd 销售与市场总监 Aaron Leri 先生和 Skidmore, Owings & Merrill LLP（SOM）中国区总监周学望先生等出席年会并做了精彩致辞和演讲。

美国阔叶木外销委员会行政总监麦克·斯诺先生向与会者介绍了美国阔叶木在全球的出口情况。根据 2014 年至 2016 年的数据，美国一直稳居温带阔叶木木材出口国家的榜首，其出口额始终保持在排行第二的国家（泰国）的出口额一倍以上。近年来，美国阔叶木最重要的六大市场依次是大中华区、欧盟、加拿大、越南、墨西哥和日本。他还着重讨论了

第二十二届美国阔叶木外销委员会
东南亚及大中华区年会
AHEC 22nd Southeast Asia &
Greater China Convention

如何通过科学管理和广泛应用美国阔叶木，实现固碳、减排，并对木业的发展潮流提出了新的思路，对美国阔叶木在中国市场未来保持持续上升的趋势充满了信心。

美国阔叶木外销委员会东南亚及大中华区处长陈席镇先生表示："推动美国阔叶木在家具设计和室内空间方面的创意用途和设计应用是我们一直以来的使命。美国红、白橡木受到东南亚和大中华区市场的普遍欢迎，同时是美国林木蓄积最多的树种，也是很多著名设计师偏爱的建筑、装修材料。"

在精彩的演讲之后，还举办了一个迷你贸易展，为 40 多家美国阔叶木外销委员会的会员公司提供展示平台，更深度地与当地的贸易商、经销商、制造商等交流行业资讯。

COLLEGE OPEN CLASS

高校公开课

演讲

高校创作营

创意作品

公益课

设计师

动手

面对面

高校师生

COLLEGE OPEN CLASS
高校公开课

主办
中国建筑学会室内设计分会

联系电话
010-88356608

活动内容
公益课：优秀青年设计师走进高校进行面对学生的公益演讲，分享实践经验和设计感悟。
高校创作营：青年设计师与高校师生一起动手创作，充分发挥创造力，展出优秀创意作品。

中国建筑学会室内设计分会
《2017中国室内设计论文集》征稿通知

2017中国建筑学会室内设计分会第二十七届年会暨国际学术交流会年底将在江西召开，年会期间有大会学术交流、分组论坛及颁奖大会等一系列活动，围绕这些活动，学会2017年的论文征稿工作也开始了，希望会员们积极投稿。

论文主题不限，可以是您对室内设计行业的新思考、学术研究、设计成果等，也可以是您得意之作的文字总结，甚至可以是您创作之余的轻松随想，以论文的形式呈现给大家。递交的论文将经过学术委员会专家评审团评审后，结集成年会论文集正式出版，论文集有正式刊号，对外公开发行。评审出的优秀论文，在年会上颁奖。论文撰写完成后，请将电子文档刻成光盘并和打印好的文稿一起，于2017年8月10日前快递至学会秘书处（撰写论文的格式与标准见网站）。

作为一个学术型的团体，中国建筑学会室内设计分会担负着与室内设计界其他行业协会所不同的社会使命。对中国室内设计在学术上进行理论提升，以提高中国室内设计界的整体学术水平，这是我们全体会员当之无愧的责任，也应该是我们学会将来各届年会的永恒旋律。期待大家的来稿！

邮寄地址：北京市海淀区首体南路20号国兴家园4号楼2404室

邮编：100044

联系人：崔林、卢佳忆

电话：010-51196444 88355881

Email：3051652586@qq.com

截稿日期：2017年8月10日

International Journal of Spatial Design & Research

Asia Interior Design Institute Association

第十七辑亚洲室内设计联合会论文集征稿通知

尊敬的各位会员:

亚洲室内设计联合会(AIDIA)论文集是由 AIDIA 出版的年度专业学术研究论文集,收录了亚洲各国经由国际专家审核委员会审核的专业学术论文,代表了亚洲国家在国际室内空间设计理论方面研究的先进水平。

为了在 AIDIA 各成员国的学术交流中充分体现我国近年的室内设计学术发展水平,AIDIA 中方组委会现向会员征集论文,用于出版第十七辑 AIDIA 论文集。今年的论文集将由学会负责出版工作,拟定出版时间为 2017 年 11 月。论文的初审及征稿工作由中国建筑学会室内设计分会进行,请在征集时间内将论文提交到中国建筑学会室内设计分会学术工作委员会。

论文内容:

1. 室内设计范围内的任何主题。
2. 可以用近两年发表的旧论文,但要经过认真修饰。

论文要求:

1. AIDIA 论文集为国际学术论文作品集,出版采用英文。国内初审使用中文,请同时上交中、英文稿件。
2. 不能提供英文稿件者,学会会统一安排进行翻译,翻译费用由论文作者承担。提供的英文稿件,学会将统一组织进行校译,校译费用(500RMB)由论文作者承担。
3. 请提交论文打印稿和电子文档,电子文档使用 Word 格式。
4. 论文包括:a. 题目;b. 作者姓名、所在机构;c. 摘要、关键词;d. 前文;e. 正文;f. 结论;g. 注释;h. 文章和参考文献。参考文献所涉及的原文引用部分需在原文中以带有圆括号的数字注明,参考文献字体同正文。
5. 论文长度:4000 字左右,但一般不超过 4000 字。
6. 费用:国内报名及初审费用 50 美元(350RMB),请在提交论文同时邮寄至学会账户;评审通过后,入选作品每篇论文需缴纳出版费用 100 美元(700RMB)。英文翻译及校译费用,由学会另行通知。
7. 请提供作者照片、简介以及联系方式。

投稿邮箱: aidia@ciid.com.cn
论文截稿日期: 2017 年 7 月 31 日。

评审:
1. 由国际资深专家交换评审,最终决定入选论文和作品。
2. 未入选作品评选后不退还。

邮寄地址:北京海淀区首体南路 20 号国兴家园 4 号楼 2404 室
邮编:100044
收件人:穆小贺
咨询电话:010-88355508

汇款账号:
户　　名:中室学(北京)室内建筑设计交流中心
开户行:北京银行国兴家园支行
账　　号:0109094760012105090229

本通知同时在学会网站公布,请浏览相关网址:www.ciid.com.cn

亚洲室内设计联合会
中国建筑学会室内设计分会
2017 年 1 月 10 日

设计支持机构

ATENO 天諾國際

ATENO 天诺国际设计顾问机构
www.ateno.com
0592-5085999

北京建院装饰工程有限公司
www.biad-zs.com
010-88044823

J&A 杰恩设计公司
www.jaid.cn
0755-83416061

北京清尚建筑设计研究院有限公司
www.qingshangsj.com
010-62668109

华建集团上海现代建筑装饰环境设计
研究院有限公司
www.sxadl.com
021-52524567 转 60432

广西华蓝建筑装饰工程有限公司
www.hualanzs.com
0771-2438187

YANG

YANG 酒店设计集团
www.yanghd.com
0755-22211188

trendzône DECORATION
全 築 股 份

上海全筑建筑装饰集团股份有限公司
www.trendzone.com.cn
021-64516569

广州集美组室内设计工程有限公司
www.newsdays.com.cn
020-66392488-129

深圳假日东方室内设计有限公司

www.hhdchina.com

0755-26604290

汤物臣·肯文创意集团

www.gzins.com

020-87378588

苏州金螳螂建筑装饰股份有限公司

www.goldmantis.com

0512-82272000

RON GOR

RONGOR DESIGN

深圳市朗联设计顾问有限公司

www.rongor.com

0755-83953688

中国建筑设计院有限公司环艺院室内所

www.cadg.cn

010-88328389

常宏装饰®

CHANGHONG DECORATION

石家庄常宏建筑装饰工程有限公司

www.changhong.cc

0311-89659217

苏明装饰

SUMING DECORATION CO.,LTD.

志诚 分享 永续之道

苏州苏明装饰股份有限公司

www.smzs-sz.com

0512-65799685

中国中元

中国中元国际工程有限公司

www.ippr.com.cn

010-68732404

苏州和氏设计营造股份有限公司

www.hisdesign.cn

0512-67157000-1001

東方美學 全球視野
ORIENTAL ESTHETICS GLOBAL VISION

巴黎 纽约 深圳 北京 上海 成都 武汉
PAIRS NEW YORK SHENZHEN BEIJING SHANGHAI CHENGDU WUHAN

总部：中国深圳市罗湖区迎宾馆松园

电话：0755-22211188　邮箱：bd@yanghd.com　WWW.YANGHD.COM

grown **inseconds**
分秒 成材

Getting Away from it All 远离尘嚣

It took just **5 seconds** to grow the American red oak and cherry used in this project.

所用美国红橡木及樱桃木仅需**5秒**即可在美国阔叶木森林中自然再生。

查看更多项目，请浏览以下互动网络平台
View more projects like this one in our interactive showcase

www.grown**inseconds**.org

www.americanhardwood.org | www.ahec-china.org

143

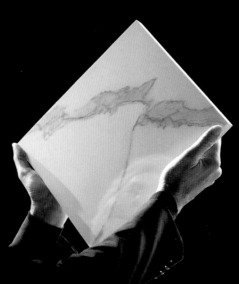

THE FAMOUS DESIGN

一册在手，跟定百位顶尖设计师！家装设计的创意宝典
不可不看的家装风格大全

地中海&东南亚

ming jia she ji

本书编委会·编

中国林业出版社
China Forestry Publishing House

图书在版编目（ＣＩＰ）数据

名家设计样板房. 地中海&东南亚 /《名家设计样板房》
编写委员会编. -- 北京 : 中国林业出版社, 2014.3
　　ISBN 978-7-5038-7416-1

　Ⅰ . ①名… Ⅱ . ①名… Ⅲ . ①住宅 – 室内装饰设计 –
图集 Ⅳ . ①TU241-64

中国版本图书馆CIP数据核字(2014)第048030号

策　　　划：金堂奖出版中心
编写成员：张寒隽　张　岩　鲁晓辰　谭金良　瞿铁奇　朱　武　谭慧敏　邓慧英
　　　　　陈　婧　张文媛　陆　露　何海珍　刘　婕　夏　雪　王　娟　黄　丽

中国林业出版社·建筑与家居出版中心
策　　　划：纪　亮
责任编辑：李丝丝
文字编辑：王思源

· ·

出版：中国林业出版社（ 100009 北京西城区德内大街刘海胡同7号 ）
网站：http://lycb.forestry.gov.cn
E-mail：cfphz@public.bta.net.cn
印刷：北京利丰雅高长城印刷有限公司
发行：中国林业出版社
电话：（010）8322 5283
版次：2014年5月第1版
印次：2014年5月第1次
开本：1/16
印张：10
字数：100 千字
定价：39.80 元

· ·

由于本书涉及作者较多，由于时间关系，无法一一联系。请相关
版权方与责任编辑联系办理样书及稿费事宜。

THE FAMOUS DESIGN

一册在手，跟定百位顶尖设计师！家装设计的创意宝典
不可不看的家装风格大全

地中海&东南亚

ming — jia — she — ji

甜蜜爱情海
Sweet Love Sea

项目名称：甜蜜爱情海 / 项目地点：湖北 武汉 / 主案设计：吴锐 / 项目面积：110平方米

■ 舒适，婚房要求甜蜜，喜庆，偏爱地中海风格
■ 餐厅墙面的改动让客厅餐厅显得更加通透
■ 艺术石，桑拿板，马赛克

云淡风轻

Clear Sky

项目名称：云淡风轻 / 项目地点：北京亦庄开发区 / 主案设计：吕爱华 / 项目面积：150平方米

■ 不同材质和风格的家具，和谐而富有变化
■ 原木的肌理、通透的格局、质朴的装饰，带来返璞归真的温润感
■ 选材和色调营造度假市屋的效果

　　业主经常出国旅行，喜欢欧洲人文、喜欢自然舒适的生活方式，但又不想让自己的家局限于某种特定风格，还喜欢原木、砖、石等天然素材。我把他们想要的家居环境定义为自然主义和乡村风格的混搭格调，无所谓法式、美式或是地中海式，运用和谐的材质、色彩和后期软饰品将各种元素融合在一起，为的是营造一个自我而且自由悠闲的生活环境。

　　原木的肌理、通透的格局、质朴的装饰，带来的是返璞归真的温润感。忙碌的工作本就占据了人们很多与家人交流的时间，在这个设计里弱化了客厅的电视功能，西厨改建时保留了天窗，将阳光引进来。卫生间的屋顶是由三个扇面拱形相连。整体中性的色调、不同材质和风格的家具，和谐而富有变化。花园也经过精心布置，在这里可以举办小型的家庭聚会。

　　因为想要营造度假木屋的效果，天窗、原木木梁、很旧的漆面吊顶、哑光地板、简单质朴的窗帘和床品，竭力拉近人和阳光、空气、自然的距离。选材：灰泥，原木，棉毛织物，皮革，手绘砖。色调：以木本色、米色为主体色，点缀蓝、灰、土红色。大地色系所营造的氛围，可以让居住者感到宁静、温暖、闲适。

　　项目刚竣工，业主便接连举办家庭聚会，受到业主和亲朋的高度认可。本案已在《时尚家居》《家饰》《软装饰界》等知名杂志发表。

返璞归真
Back to Nature

项目名称：返璞归真 / 项目地点：新余 / 主案设计：辛冬根 / 项目面积：150平方米 / 主要材料：立邦，莫干山，海螺

- 利用原有的清水砖墙和灰色水泥墙体进行合理的空间组合
- 透过树枝的阳光以及不可替代的庭院植物来表现轻松自然的生活质感
- 素雅的空间里用艺术品和经典的怀旧家具进行点缀

　　现如今的设计在全球化、多元化理念的影响下，不断涌现各种各样的设计手法。新古典、后现代、田园风格、装饰主义等等，很容易让设计师们都迷失于这些时髦的设计方式，忘记了设计的原创本质是什么，无论采用何种风格和流派做设计，都会限制设计师思考的自由。好的住宅设计不是用各种标新立异的方式取悦于客户，而是要从根本上解决居住者对"家"这个含义的理解。

　　本案就是一套140平方米地下一层的普通公寓住宅，原建筑的最初印象是空间狭窄、光线暗淡，通风、采光条件极差。好在这个建筑是全框架结构，可以进行大面积的改造，而且有足够面积的入户花园和露台，虽然庭院杂草丛生，但总比看到一片种植的不合理又生长的不茂盛的植物要强。在拆除所有不合理的墙体后，呈现在眼前的是宽敞明亮的毛胚建筑，空间豁然开朗，让人兴奋不已。

　　利用原有的清水砖墙和灰色水泥墙体进行合理的空间组合，用模糊甚至是倒置空间的空间分割手法来诠释对家的理解。在看似无序的空间中建造开放与闭合的功能关系。用最原始的建材、透过树枝的阳光以及不可替代的庭院植物来表现轻松自然的生活质感是这次设计改造的主要理念。

　　同时在用材上必须采用大量未经加工的自然纯朴材料，完全低碳环保。在素雅的空间里用艺术品和经典的怀旧家具进行点缀，不仅仅是提升空间的视觉感受，更能表达一种平淡朴实、物尽其用的价值观。旧木与卵石带来的是对童年的美好回忆。

　　沉稳低彩度色调是一种对简单隐居生活的向往。轻松开放的空间分割是想让家人在每天忙碌的步伐中慢下来，充分享受安静优雅的生活。

蓝调生活
Blues Life

项目名称：蓝调生活 / 项目地点：湖北武汉市 / 主案设计：余李坤 / 项目面积：152平方米

■ 传统的复式结构，不传统的风格色彩，打造个性
■ 雕花做成拱门的门头来装饰，简单轻松
■ 百叶、隔断、缩门，有效区分公共区域

不需复杂繁琐的家具以及装饰。年轻、温馨、舒适，相信您也有一些动心。

这是一个地中海式色调的作品。业主是一对年轻的新婚夫妇，喜欢蓝色，崇尚海边的自由。

传统的复式结构，不传统的风格色彩，打造个性的品味生活。

业主不想用太过于复杂的线条以及传统的拱门。所以在细节上面就用雕花做成拱门的门头来装饰。百叶、隔断、缩门，有效的区分公共区域。

现代，快节奏，便捷的都市生活总让人有些压力。下了班，回到家，看着蓝色的语调，心情自然放松许多。躺在布艺的沙发上，小孩在旁练习钢琴，老婆早已准备好晚上的饭菜。这不是正是我们所向往的都市生活吗？

彩色艳阳
Colourful Sun

项目名称：彩色艳阳 / 项目地点：浙江宁波市 / 主案设计：林卫平 / 项目面积：240平方米

- 蓝、白、红、紫四色构成了主旋律
- 迷人的色彩空间
- 热烈、平和，喧嚣、安静

　　色彩是空间的音符，最能感染人的情绪。在这套香榭丽舍的的作品中，蓝、白、红、紫四色构成了主旋律。

　　明快的蓝色奠定了客厅及公共空间轻松的基调，并给人理智、平静、清新的联想，优雅的白色带来纯净的感官，而红色则让餐厅的氛围显得活泼、卧室的气氛变得浪漫，至于神秘、尊贵的紫色总是给人矛盾的美感：一方面，它是沉静的；另一方面，它又让人有梦幻的感觉。

　　颜色的交汇演变出一曲动人的交响曲，给人带来了精神愉悦和亲切的感受，大大提高了空间与人的情感沟通，结合形态、材质、装饰等设计要素的集约和虚实相生的设计手法，设计艺术与人们生活情感述求的水乳交融，空间在简约的基调中衍生出无数的变化，充满迷人的氛围和浪漫的情绪。

　　简洁的家具风格和丰富的色彩变化与空间遥相呼应，在尊重空间的同时，赋予家居一丝简约灵动之性。让空间充满知性、稚趣、跃动与脱俗。即使不经意的低首，也能发现惊喜与可爱的地方。

　　香榭丽舍，迷人的色彩空间，无论热烈还是平和，是喧嚣还是安静，一切都在这个用心构筑的甜蜜居舍，这一个亲切、和蔼、灵动的自我空间。

爱之橡树空间
Love Oak

项目名称：爱之橡树空间 / 项目地点：重庆北部新区 / 主案设计：田艾灵 / 项目面积：198平方米

■ 围绕绿色这个主题，选用了自然主义风

■ 用经典建筑元素贯穿室内空间，达到移步换景的效果

■ 墙面随意呈现刮痕、砂洞等，更贴合海风磨砺的原始感

重庆作为一座人口密集的工业化城市，需要更多的自然、绿色入驻家庭空间，让人们在辛苦的工作之后，回家就开始度假，让人彻底放松。围绕绿色这个主题，选用了自然主义风格；从材质上本案采用来自自然的木、石以及大地色系体现；同时抛弃贴在墙面的装饰元素，避免造成不必要的资源浪费，力求用最少的语言诉求空间主题，如房间门、橱柜、洗面柜、沙发、衣柜等等均为设计制作，既是功能需要；也是风格体现需要。

依据小区主体建筑风格，对应设计室内，不造成空间的脱节，让小氛围融于大社区。

用风格里的经典建筑元素贯穿室内空间，达到迂回、移步换景的效果。

不拘泥于传统室内选材，直接用粗砺的干粉沙浆做墙面材料，丢掉刮腻子、上乳胶漆或贴墙纸的一般做法，让墙面随意呈现刮痕、砂洞等，更贴合海风磨砺下的地中海原始风格。

功能布局合理，不仅美观，而且超耐用，不用为装了一个新家，在居住时得小心翼翼的服侍着她。

缱绻爱意浓
Passion in Love

项目名称：缱绻爱意浓 / 项目地点：成都华阳 / 主案设计：王凯 / 项目面积：600平方米

■ 很自然和谐，与别墅本身建筑外观融合在一起
■ 环保简单耐看的材质：仿古砖，硅藻泥等

作品风格为地中海。

很自然和谐地与别墅本身建筑外观融合在一起，成都周边的别墅社区追求舒适休闲。

根据客户买房的动机来说，要求就是简单，舒适却不失品味品质的空间，所以地中海风格最为合适。整个空间没有一个多余的造型或者装饰，每一个摆设及装饰都是独特的。

在材料方面尽量选用环保简单耐看的材质！所以仿古砖，硅藻泥等材料是主要材料。

舒适却不失品位的设计赢得了客户的认同。

时代糖果墅

Time Candy Villa

项目名称：时代糖果墅 / 项目地点：广州周边里水镇洲村村"岗美岗"地段 / 项目面积：155516.4平方米

■ 现代中式风格和东南亚原始风格的融合

■ 对称是其重要的表达形式

■ 市饰和地板的色彩将整体空间有机连接到了一起

　　设计师试图用现代的设计语言来表达中式的设计风格，通常人们称它"新中式"。古典文化中，人们崇尚"和"，例如"和气生财""家和万事兴"，表现在建筑和室内设计上，对称是其重要的表达形式。

　　中庸的整体协调是人们追求的目标。在此案中，虽平面规划不能像紫禁城那样的对称，但空间中许多立面的构图，都采用了对称的形式，如客厅中沙发背景，餐厅区域及吊灯形式等等，都给人以中规中矩的稳定美感。在设计风格上，设计师抛掉了中式古典繁杂的花饰，取而代之的是现代、舒适的布艺沙发，精美的台灯等，并延续了木饰在空间中的比重。在色彩的设计中，木饰和地板的色彩将整体空间有机地连接到了一起，也烘托出亲切怡人的空间气氛。

东方高尔夫
Orient Golf

■ 闹中取静，别有洞天
■ 欧洲新古典风格和东南亚原始风格的完美融合
■ 典雅大气、精致灵动，既有家的温馨，又有自然的清新

作品为欧洲新古典风格和东南亚原始风格的融合。硬装中，设计师大手笔地运用了土黄、红棕色调的木质材料，突显典雅、庄重；而在软装上，则以独具东南亚风情的绿植、瓷器、屏风和挂画等饰品点缀其间，再配以欧洲新古典特色的碎花地毯、碎花靠垫和布艺刺绣沙发，是整个空间大气而不失灵动，精致却不流于繁杂，既有家的温馨，又有自然的清新。

生态度假
Elo-resort

项目名称：生态度假 / 设计公司：广州市韦格斯杨设计有限公司
项目面积：约330平方米 / 主要材料：木饰面，墙纸，布艺，石材，钢化玻璃

■ 以泰式的设计风格为主导，在空间、材质、色调三方面演绎着悠闲而富有品味的生活
■ 浅色调的墙纸，结合棕色木材，配以布艺家具做装饰
■ 精妙之处是木屏风的软性间隔，使整体格局紧凑且虚实相宜

　　本项目由"中颐集团"投资开发。地块位于增城市新塘镇永和菱元村，简村青山仔高尚住宅区规划范围内。该项目整体规模较大，综合素质较高。

　　A401单元联排别墅为一个五层结构的建筑，很好地把各个生活区在空间上自然划分。以泰式的设计风格为主导，在空间、材质、色调三方面演绎着悠闲而富有品味的生活，慕求带你走进一个热情而斑斓的家。

　　浅色调的墙纸，结合棕色木材，配以布艺家具做装饰，以高浓度地域色彩的饰品加以点缀，来表现独特的泰式风情。石材与钢化玻璃的局部使用，丰富了空间上的层次与材质上的对比，让本单元独享一种张扬的个性。本设计的精妙之处是木屏风的软性间隔，使整体格局上紧凑且虚实相宜，让你仿佛置身于东南亚那悠闲的度假气氛之中。游走在本单元之中，你会感受到在那不经意间流露的热情与绚丽，轻松与愉悦将是你最大的体会。

藏峰

Hidden Peak

项目名称：藏峰 / 项目地点：台湾台中市 / 主案设计：许幸男 / 项目面积：300平方米
主要材料：天然竹子，大理石碎片铺地，鹅卵石铺地，水磨石地面和家具，实木装饰

- 视觉亮点是竹子与天然石系列装饰的露台与浴室
- 体会到度假般自然的风、音、光在流动
- 传统的工艺焕发新的生命力

　　跃层与大面积玻璃量体和虚空间的使用表明这是一处有着非常好的光线与景致的建筑。开发商基于建筑的诉求是一种关于Villa的度假概念。希望住户能够体验到优雅的底蕴和度假般无限的浪漫情怀。

　　设计师许幸男认为好的空间不能只是一个无趣的盒子，而是一个可以体验大口呼吸、随意自在的奢侈。在内部空间的规划上，他充分考虑人的生活习性与各个不同使用者的需求，讲求利用空间的动线来引导消费者。在设计中，将种种独特的天然材料作为取之不尽的创作源泉，同时以各种手法来使用这些天然的传统材料。

　　视觉亮点是竹子与天然石系列装饰的露台与浴室，你能体会到度假般自然的风、音、光在流动。设计师在这里糅合了摩登与传统，严肃与休闲，变化与平衡，造就了这一既有现代感又有传统特色的视觉组合。

　　如露天SPA，天然竹子装饰的露台，大理石碎片铺地、鹅卵石铺地、水磨石地面和家具、实木装饰等，这些细节设计的概念希望能重新演绎传统的工艺，并使之拥有新的生命力。

温泉度假风

Spa Resort

项目名称：温泉度假风 / 项目地点：苏州太湖旅游度假区 / 主案设计：陶丽萍
项目面积：110平方米 / 主要材料：美鹤榻榻米，品生地板，科勒卫浴，金意陶砖，BOOS橱柜

■ 复式结构，纯实木装修

■ 和风日式风格，纯原木设计施工，将樟子松与橡木完美融合

■ 利用了挑高空间，设计了一个木质小阁楼

　　本户型为复式结构，纯实木装修。一层为和风日式风格，二层为简约日式的书房带卫生间，利用了挑高空间，设计了一个木质小阁楼，非常适合客户周末度假。

　　突破了常规单独一间的榻榻米，本设计将和风日式风格贯穿整个空间。

　　阁楼是后加的，因为房子只要南边的采光，所以在阁楼屋面开启了两扇天窗，增加屋内的自然光线，也可在阁楼看到星空。

　　纯原木设计施工，将樟子松与橡木完美融合；多运用单纯的直线、或几何形体、或有节奏的符号式图案，以板和线的垂直、水平交错的构成关系产生效果。

　　简洁的抽象造型、自然的光影色调、写意的和室家居给人以平静、美好的感觉。

恋上色彩

Fall in Love with Colors

项目名称：恋上色彩 / 项目地点：浙江杭州市 / 主案设计：严建中 / 项目面积：68平方米

■ 通过软装和家居陈列，突显浓烈的东南亚风格色彩
■ 给收罗来的每个工艺品找到该有的位置
■ 重新规划空间，使得空间变得相对开阔

　　业主特别喜欢旅游，尤其是钟情东南亚的海岸线，每次去都会带回来很多当地的特色工艺品。业主希望这次的设计是清新的海岸风格，也希望尽量做到环保。然后就是要给收罗来的每个工艺品找到该有的自己的位置。

　　整体风格上运用最普通的东南亚风格元素来体现。但是在硬装上并没有采用最最复杂的东南亚雕刻元素，而是特别通过软装和家居成列上来突显风格，这样的好处是既满足了业主的需求又为今后的空间提升留下很多伏笔。

　　空间布局是这套方案中的重点，进门后的一楼卫生间拆除后改小成为一个软隔断洗衣房，增加了玄关的空间进深，让玄关不再压抑。b楼梯的方向改变是重点，原先的楼梯走向将一楼餐厅空间完全破坏，而二楼也利用率非常差；而楼梯改向后一楼的餐厅空间显得非常宽敞和独立，而二楼也独立形成单独的主卧、次卧、和卫生间空间。

　　选材上环保是整套方案的重点，基本材料全部采用杉木实木板制作，杜绝夹板对居室的空气污染；任何可以拿来用的废料和旧物都可以经过改造后产生意向不到的效果。例如：a餐厅的马赛克墙面是家里用剩的木料锯成不规则方片后拼贴而成；b楼梯旁的加固柱采用的是蒸笼垫包贴；c餐厅吊顶上的木质小梁是城市改造拆旧下来的楼梯柱。d楼玄关的四根雕刻立柱其实是用八根楼梯柱拼接而成。e主卧大床上的床幔架是一楼立柱上锯下来的柱头。

　　业主对于最后呈现的效果非常满意，认为设计师是真正理解了她的原意，将她的梦想化为了现实场景。

简约和式

Japanese Style

项目名称：简约和式 / 主案设计：邵唯晏 / 设计公司：竹工凡木建筑室内设计工作室（CHU-studio）
项目面积：214.5平方米 / 主要材料：天然木皮，竹，南方松木，压克力，烤漆玻璃，抛光石英砖

■ 轻描淡写以禅风为底加上一些当代的线条
■ 材料上配合青与绿的色系组合

　　在既有事物基础上持续创新一直是从事五金零件代工李老板的经营理念；加上对于日式禅风简单及空间氛围的喜好。整体设计在不大改既有格局的前提下，轻描淡写以禅风为底加上一些当代的线条，材料上配合轻与绿的色系组合，期望在空间中感受到禅的世界里那份不可言说的洒脱、机智与和谐。

西贡在香港

Sai Kung in Hong Kong

项目名称：西贡在香港 / 项目地点：香港西贡匡湖居 / 主案设计：萧爱彬
项目面积：350平方米 / 主要材料：地面：大理石，木地板；墙面：麻布硬包，乳胶漆

■ 风格节能环保，简洁明快
■ 拥有多个户外平台
■ 环境与室内功能合理利用

　　每一个内地的人，一听说西贡，都以为是越南，我们也是，早在十多年前，看香港设计杂志看到西贡的案例，就一直以为是香港设计师在越南做的案例，今天有这个机缘来到西贡做案例，真的有幸。发觉此地非常之令人神往，传说中的无敌海景。站在每一层的阳台上甩一根鱼杆就可以海钓了。

　　业主是在杂志和网站上认识萧氏的，特意在香港录一视频寄给我们，热情洋溢地表达对我们作品的理解和欣赏。希望我们能到香港去给他做这个屋子。虽然不是在国外第一次做案子，但这和方式表达还是头一次被热情打动，我与爱华同去，历史不多，但难却盛情。

　　香港是个寸土寸金的地方，到现场方感悟得到。紧挨一起的每家每户，都在做"地道战"工作，上天入地，加盖屋顶，深挖地下，我的这个业主，即做了5个层面，当然是错层。去过香港港岛和九龙的新旧楼盘的都会明白为什么香港人只要见到有天有地的房子，就会挖空心思改造。在市中心的房子，每家面积都是极小的，不能放一张正规的床，要放也得靠墙。

　　天然的景观使我们做起这套房子，显得十分轻松，风格的采用，也用了萧氏设计一贯的坚持，节能环保，简洁明快，空间大部采用白色，不希望太多的处理，不用费太大力气就可以好看，每一个窗外都是海景，这利用的是较好的户外景观方案。我们把一楼的地下空间贯用成公共环境，是业主交朋结友的好地方。底下的SPA，桑拿都难于想象地开辟出了相当大的地方，这有时觉得不太可能，但在香港就做到了，因为在香港施工时，可以拒绝任何物业和检察人员进入私宅，要不就可以告他。除了特别的空间，影院的设备和隔音效果也是极好，可以调换2D、3D电影，双层屏幕，再响的枪战都不会影响自己家人和隔壁邻居的休息。

　　多个户外平台是此套住宅的亮点，据说业主每天都喜欢在阳台上说话，看书，接待友人。有临海面的，有悬挑的，有高处的，形成多层次的互动关系。书房的书桌面向大海，外面风景太漂亮，不知道业主

有没有静下心思看书。业主说，你前一个月每天都在兴奋中，是很难集中精力，但时间长了，人就静了，抬头时，可以养眼；低头时，可以沉思，这是我所希望得到的效果。卧室的外景可以令每一个人兴奋。当清晨苏醒之时，撩开窗帘，外面的阳光照耀在蓝色的大海上，点点白帆，洁白游艇，还有晨雾蒙蒙的远山，不精神才怪，难怪业主说，在搬来此地之前睡眠一直不好，来到这里后，就没有失眠了，质量高了好多。住到这里，心静了很多，消解工作压力，情绪得到很大的改观，躁动的心情也平缓了。

我们像是做广告，但这确定是业主说的，环境加上室内功能的合理利用，使人身心得到放松状态，这是必然的。室内设计多年，国内苦于室外。空间恶劣均没有可利用的好环境，一直致力于室内环境的改造，因此，装饰过度频现，也就愈来愈繁复。外环境好，室内和室外相得益彰，生活可以很简单，环境可以很丰富，这是设计生活，也是设计人生，放性的心情和与自然的和睦相处。

人生的追求，也是设计师的追求。

不可居无竹

Beauty of Bamboo

项目名称：不可居无竹 / 项目地点：台湾新竹市 / 主案设计：许幸男 / 项目面积：460平方米

■ 以纯洁和简朴，表达出空灵之美，给人以遐想
■ 废弃的材料也能抒发出业主对人生认知的感悟
■ 强调木质温馨而极具张力的表达方式

陈医生是一位很著名的牙科医生。在台湾，医生是有着比较高的社会地位与较高收入的一个群体，因此陈先生为他的太太跟女儿在自有的宅地上建了这栋大房子，有新鲜的空气、阳光和水。

以纯洁和简朴，表达出空灵之美，给人以遐想。

居住的空间不要追求物质上的富贵与艳丽，废弃的材料也能抒发出业主对人生认知的感悟，对自然美的独到体验，关键是交流。

业主喜爱的天然材料的安定与温和感，设计师在此强调了木质温馨而极具张力的表达方式。

地中海&东南亚

87

水畔居
Waterside Home

项目名称：水畔居 / 项目地点：海南省三亚市 / 主案设计：吴力涛 / 项目面积：500平方米

- 园林绿化作为间隔，形成天然的屏风
- 各卧室都以大落地玻璃趟门，与泳池园林形成最小的距离
- 以浓厚的东南亚麻与细布条搭建，配以华丽的菠萝状水晶吊灯

500型是项目中为数不多的大户型别墅，第一座建成的500型既是交标展示板房，亦因其拥有最美、最开阔的景观，故同时，将该户型定位项目的销售中心功能使用。

500型拥有宽敞的前院与景观开阔的泳池园林，而客厅、餐厅、茶室、主卧，两间各自独立的次卧套房及独立的佣人工作区等各功能空间，呈"Ｕ"型将中心泳池园林包围，各功能空间与泳池皆能仰望仙气缭绕的七仙岭主峰。各卧室都带有相对独立的园林式温泉泡池，这些泡池都以园林绿化作为间隔，形成天然的屏风，使其拥有别样的私隐性。

500型的设计风格与两个户型中层比较，偏向奢华的空间。

与客餐厅形成中轴延伸的泳池两侧分布着卧室区域，各卧室都以大落地玻璃趟门与泳池园林形成最小的距离令室内与环境最大限度地融为一体。

入门经过前院蜿蜒的水景园林进入到宽敞高挑的客餐厅，这里拥有6米高的塔状天花，以浓厚的东南亚麻与细木条搭建，配以华丽的菠萝状水晶吊灯，衬以开阔的落地玻璃趟门，粗犷的火山岩主幅与干净的天然石地面，将地城风格奢华的一面尽数呈现于人前，给人带来尊贵的现场体验。

观庭
Court

项目名称：观庭 / 项目地点：上海 / 主案设计：刘飞 / 项目面积：600平方米

- 以东南亚为主题设计和建筑的外形结合
- 地面和墙面尽量保持干净，整体的风格则大量通过软装配饰来体现
- 材料也选择在东南亚很常见的teawood

　　"小隐在山林，大隐于市朝。"那些所谓的隐士看破红尘隐居于山林是只是形式上的"隐"而已，而真正达到物我两忘的心境，反而能在最世俗的市朝中排除嘈杂的干扰，自得其乐，因此他们隐居于市朝才是心灵上真正的升华所在。以东南亚为主题设计和建筑的外形结合，针对中高端市场。

　　设计师以东方本土特有的建筑形式和内涵来营造室内空间，拉开了空间的视觉效果，地面和墙面尽量保持干净，整体的风格则大量通过软装配饰来体现。

　　各个空间的划分，设计师则通过顶部的不同来体现空间不同的功能。设计师带来的是深层次、文化和哲学的反思，也是体现出设计师对于泛东方文化的提倡。

　　并且，根据甲方要求没有太多的改动原建筑的布局。

　　以东南亚为主题，材料也选择在东南亚很常见的teawood 。

　　风格比较明确，再加上本土的元素进行融合，更容易让人接受。

水殿风来
Water Flows & Wind Blows

项目名称：水殿风来 / 项目地点：苏州 / 主案设计：韩松
设计公司：深圳市昊泽空间设计有限公司 / 项目面积：800平方米

■ 以水为线，诠释流动的空间灵魂
■ 以风为神，掌领清澈的空间意境

　　这次的项目位于苏州太湖度假区，距太湖约180米。地块南侧直面太湖，紧邻太湖文化论坛。

　　"人道我居城市里，我疑身在桃源中"，在喧嚣的都市生活中，我们渴求心灵片刻的宁静，透过水、风、香、月的清澈，人境双绝的意境，青绿翠郁的庭院，彰显出成熟、自信的人生态度，这是每个人心中的桃花源；整套方案以水为主线贯穿整个空间和设计，诠释着不一样的"东南亚"。

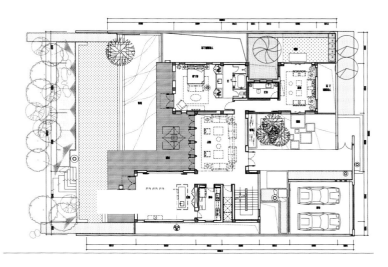

一层平面图

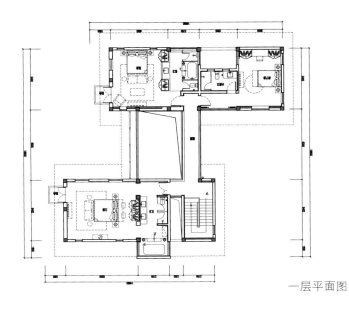

一层平面图

托斯卡纳的黄昏
Tuscan Evening

项目名称：托斯卡纳的黄昏 / 项目地点：广东中山 / 主案设计：韩松
设计公司：深圳市昊泽空间设计有限公司 / 项目面积：277平方米

■ 一层又一层的空间不断带给你惊喜
■ 来自世界各地的收藏品装饰空间

别墅于人是一种精神上的放逐，抑或是个人小宇宙中能量爆发前的孕育。那么作为让心灵彻底慵懒随性或是自由绽放的地方，托斯卡纳的黄昏印象应该是不错的选择。

旧旧的原木梁；黑色的铸铁锚条；走到哪里都想伸手触摸的柔和曲面墙壁；洗白木的家具墙板；最好赤着脚走在上面的意大利火山岩地板；以及一层又一层的空间不断带给你的惊喜；还有从世界各地淘回来的古董和心水收藏。对了，别忘了夏日的午后在发呆亭里发发呆，听听蝉音。对于很多人来说，这应该算是一居心地了吧。

翠屏国际
Ping international

- 经典的蓝白组合的地中海风格
- 浅咖色的融入带来温馨
- 拼贴马赛克营造出立体的视觉感受

本案是经典的地中海风格，在设计师的规划下，把家变幻成海风吹拂下蓝白相间的小木屋，让屋主尽享地中海午后慵懒的阳光中的浪漫与舒适。

可能没有比蓝色更清爽的颜色了，不论是大面积的运用还是局部层次的点缀，只要有蓝色出现的地方，便能带来宁静致远的味道和诗意栖息的感觉，再与白色、咖啡色等其他自然色系搭配，展现极致的清新之美。

一楼客厅与餐厅的色彩运用上，在地中海蓝白组合中融入大面积的浅咖啡色，让人在海天一色的美景中感受有如卡布奇诺般的香醇与浓郁，是整个空间中清爽和温馨完美调和。

卫生间、楼梯、阳台和电视柜等处拼贴马赛克的运用，通过巧妙切割，营造出立体的视觉效果，梦幻的色彩给人以干净、明亮的享受。

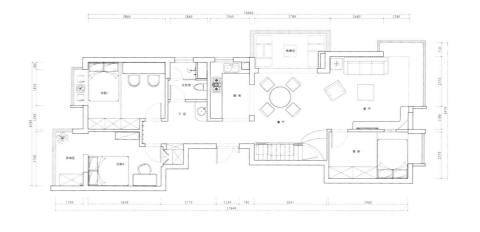

一层平面图

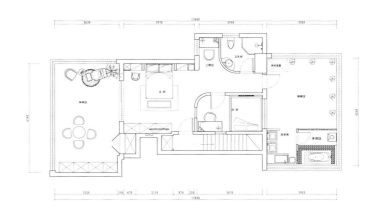

二层平面图

　　主卧的设计明亮而绚丽。明黄色的背景墙有如地中海灿烂明媚的阳光，配以采光度极好的大落地窗，是整个卧室都洋溢着热情与温馨，沐浴着亦真亦幻的阳光。

　　两个次卧则大面积使用蓝色，点缀着极具地中海风情的小物，让人放松在蓝天碧海之间。

镜面光影 浪漫东方

Specular Lighting, Romantic Orient

项目名称：镜面光影 浪漫东方 / 项目地点：云南昆明 / 主案设计：黄希
项目面积：160平方米 / 主要材料：金意陶瓷砖，班尔奇衣柜，大欧地板，隆森橱柜……

■ 撞色搭配，带来一种视觉冲击
■ 运用建材及格局的变换，将东南亚风格与中式文化
　做混搭的设计
■ 以"东方休闲"为基准，抛弃太多的形式设计

　　本案的主人是位丽江人。丽江的小桥流水，一米阳光，却从未在时尚休闲中落幕，反而成了这三种元素的延伸。屋主对自由主义的喜爱也是对这种气息的传承。镜面光影，无需太多浓墨重彩，也不必单调成一条直线，只需要一面，却能阐述出整个空间的世界。

　　在色彩搭配和风格上来讲，艳丽明快的泰式抱枕配上色调温和的沙发，红色的靠垫加黑色的座椅，既有一种视觉冲击感，同时也是一种撞色美的享受。暖色的花艺在昏黄柔和的灯光下格外妩媚。深色系列的吊灯与整体的格局融为一体。沙发的组成也是由三种风格结合在一起的。东南亚中的中式，现代中的东南亚。

　　设计师倾心打造了具备休闲感但又彰显品味的时尚空间，始终坚持空间设计的目的在于提升居住者的生活质量，运用建材及格局的变换，将东南亚风格与中式文化做混搭的设计。整个空间以"东方休闲"为基准，抛弃太多的形式设计。由于客厅的长度过长，于是设计师大胆的在客厅的背景墙上使用了镜面设计，偌大的镜子拉升了空间感，也使客厅的方正性更强。

　　镜面背景并没有满足设计师的创作欲，竖向的木条拉伸了地面用途天花板的高度，顺着天然的木制条无限延伸，进门处的屋顶同样使用了镜面与同色木材，貌似不经意的设计，实际上将客厅的空间范围划分得一清二楚，利用色彩、材质的统一，空间过渡更开阔，也更自然。

　　品味，自然，休闲于一体。从不同视角展现了不同的美，从不同的感觉体味不同的温暖。

橡树林

Oak Estate

项目名称：橡树林 / 项目地点：四川 成都市 / 主案设计：程晔 / 项目面积：130平方米

■ 打破原不规整的布局，使客餐厅、阳台及主卧等变得方正得体

■ 选材大多为原木、瓷砖等天然材料，体现乡村味道

　　想要开放式的厨房，却惧怕中式烹饪习惯带来的油烟，因此考虑开放式西厨和封闭式中厨并存。

　　楼层30多层，光线特好，加之业主喜欢阳光地中海的感觉，所以一拍即合，成就了这套地道的地中海乡村风格住宅。

　　打破原不规整的布局，使客餐厅、阳台及主卧等变得方正得体。大多选用原木、瓷砖等等天然材料，体现乡村味道。业主一家老小均觉得每天回家都有一种异域出游的新鲜感。

木质生活
Wood & Life

项目名称：木质生活 / 项目地点：云南昆明市 / 主案设计：张艳芬 / 项目面积：200平方米

- 大面积采用木质墙面，体现业主追求修身养性的生活境界
- 在传统新中式里融入东南亚热带林的自然之美
- 合理的规划，使空间利用最大化

　　业主追求修身养性的生活境界，大面积的木质墙面，艳丽的泰式抱枕。

　　本案采用了混搭的设计手法，在新中式这种体现名族与传统文化的审美意蕴里融入了东南亚热带林的自然之美。

　　本案为复式户型，在户型功能及空间布局方面作了颠覆性的改动，合理规划了空间，把原来厨房位置整个的移动，使餐厅和客厅连为一体，同时扩大了卫生间，增加了储藏室和生活阳台，每个空间调整后都增加其空间感和实用性，融入了生活细节的设计，使业主的生活更具品质。

一层平面图

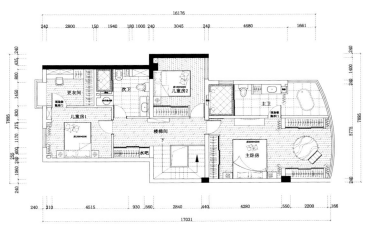

二层平面图

美城

Beautiful City

项目名称：美城 / 项目地点：成都 / 主案设计：唐嘉骏 / 设计公司：成都蜂鸟设计顾问有限公司
项目面积：430平方米 / 主要材料：石材，PU硬包，复古铜，饰面板，仿古镜

■ 设计总调采用混搭方式——体现对人性全新的理解和张扬
■ 设计秉着处处见景、处处是景的思想
■ 所有的设计语言都在于诠释一个贵气而精致的居住环境

　　项目位于成都最好的中央居住区——天府新区，拥有着得天独厚
的地理位置。空间架构形成后，设计重心倾注在空间本身的细节表现
上，整个内部结构严密紧凑、空间穿插有序，通过虚实互换的空间形
象，取得局部与整个空间的和谐。设计总调采用混搭方式——体现对
人性全新的理解和张扬。设计师强调空间整体性，从设计元素中提炼
出既简单又最具变化的点、线、面，用自然简洁和理性规则、干净利
落的收口方式，将精致贵气的主题渗透到整个空间。

　　别墅生活无可复制的优势，不外乎对天地的独拥和对自然的融
入。设计时秉着处处见景、处处是景的思想，将SPA间设置为一个处

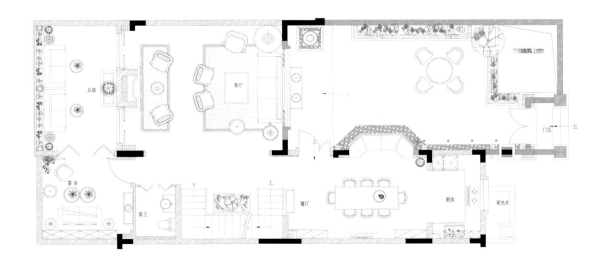

一层平面图

于自然环境中的空间，四周环绕的植物，头顶是一个透明玻璃水池，犹如身临大自然一般。客厅其中两面墙均采用简洁的落地玻璃向外借景，将前院与后院的别致景色融为一体。

全案定调在营造舒适高品质空间主题的同时也强调倡导细节之美，设计师力求让空间在此作为主人性格特征及身份、地位的象征，所有的设计语言都在于诠释一个贵气而精致的居住环境，使空间得到了一次高品质的提升，让一个苍白的建筑体瞬间赋有了内敛的审美情趣。

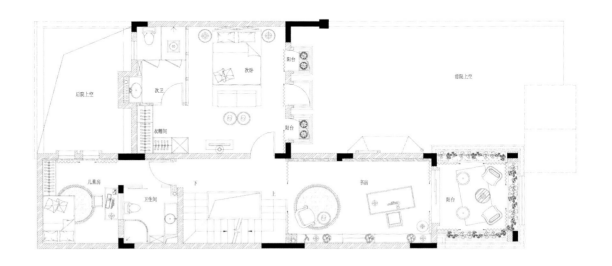

二层平面图

东西之间
Between East and West

项目名称：东西之间 / 项目地点：上海 / 主案设计：Eva潘及 / 设计公司：IADC涞澳设计公司
项目面积：320平方米 / 主要材料：榆木，皮，水晶，丝绒，银器，陶瓷，玉佩等

 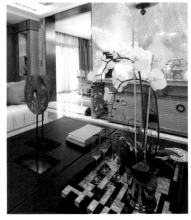  

- 颜色跳跃，材质多元化
- 东方文化和西方当代生活的碰撞，呈现丰富具有内涵的气质
- 设计过程中，潜入整个人物主题背景

是什么样的生活方式和设计风格，属于我们当代主流？它既保持我们文化的传承又不缺新时代的气息，我们常常思考着……

在这个案例中，我们运用着东方元素，通过家具，面料，饰品来表现；同时也利用了一些西方的方式和当代的表现手法，颜色的跳跃，材质的多元化，使得空间游走在东方文化和西方当代生活的碰撞中，呈现丰富具有内涵的气质。

在设计过程中，还灌入了整个人物主题背景，以他的特点作为设计脉络，男主人以一个金融投资者为人物定位，留学归来，身受西方的教育；女主人则是一个热爱艺术的全职妈妈，家有一儿一女，

生活非常美满。他们有着一样的爱好，就是收藏画和摄影作品。女主人对艺术的品味，和对生活的热爱在空间中体现淋漓尽致，正是这样的人物背景，让我们的空间中弥漫着东西混合的特殊韵味。其中我们还运用了HERMES的主题，来延续他们的爱好，比如骑马等。价值不菲的Hermes马鞍、餐具、毯子、等让空间增色；来自意大利Armanicasa，Flexform，MINOTTI等的家具，更是世界最高端的家具品牌；Baccarat水晶灯是被认为是法国的皇室御用级水晶品牌，是显赫、尊贵的代名词。PROFOMA INVOICE儿童家具的顶级品牌德国Fink，AD，英国halo的饰品，由知名设计师kelly hoppen操刀设计，更让空间靓丽精致......

　　我们从空间中引领大家走入东方的意境西方的时空。

金地格林春岸

Jindigelinchun Bank

- 撞色搭配，带来一种视觉冲击
- 浓郁热烈的东南亚风格

在这个案例中，设计师大胆地运用撞色，在红棕色为主的自然色调中，融入了湖蓝、明黄、翠绿、玫瑰红、丁香紫等饱和度极高的颜色，来展现东南亚风情的热情、绚烂、神秘和旖旎，给人一种强烈的视觉冲击。

无论是无处不在的绿植和花卉，还是墙上复杂神秘的装饰挂画，亦或是大象造型的工艺品，都流露出浓郁的热带风情。让人置身其中仿佛可以看到东南亚的沙滩、阳光和椰树。